输电技术工程应用与发展研究

袁 帅 李 丹 吴含青◎著

吉林科学技术出版社

图书在版编目（CIP）数据

输电技术工程应用与发展研究 / 袁帅 , 李丹 , 吴含青著 . — 长春 : 吉林科学技术出版社 , 2023.10
ISBN 978-7-5744-0975-0

Ⅰ . ①输… Ⅱ . ①袁… ②李… ③吴… Ⅲ . ①输电技术—研究 Ⅳ . ① TM72

中国国家版本馆 CIP 数据核字 (2023) 第 208087 号

输电技术工程应用与发展研究

著　　　　袁　帅　李　丹　吴含青
出 版 人　宛　　霞
责任编辑　杨超然
封面设计　李宁宁
制　　版　李宁宁
幅面尺寸　185mm×260mm
开　　本　16
字　　数　213 千字
印　　张　11.5
印　　数　1–1500 册
版　　次　2023年10月第1版
印　　次　2024年2月第1次印刷

出　　版　吉林科学技术出版社
发　　行　吉林科学技术出版社
地　　址　长春市福祉大路5788号
邮　　编　130118
发行部电话/传真　0431-81629529 81629530 81629531
　　　　　　　　　　　　　81629532 81629533 81629534
储运部电话　0431-86059116
编辑部电话　0431-81629518
印　　刷　三河市嵩川印刷有限公司

书　　号　ISBN 978-7-5744-0975-0
定　　价　70.00元

前　言

随着中国经济高速发展，能源需求日益增长。但我国地域辽阔，能源储备和电力负荷分布极不均衡，西部地区能源富集，从能源多的地方向负荷集中的地方输送能源是合理的方式。要想大规模长距离输电，必须运用特高压技术，建设特高压电网是电力工业落实科学发展观的重大举措，是国家进行能源宏观调控的重要手段，是实现能源资源优化配置的有效途径；发展特高压电网可以推动我国电力技术创新和电工制造业的技术升级，无论对中国还是对世界来说，都是一项伟大创举和重要贡献。

二十多年来，输电技术在我国得到迅速研究、发展和应用。目前，我国已成为国际上拥有紧凑型输电线路最多的国家，累计里程高达 8000km。多年运行经验表明，紧凑型输电线路能满足我国电力工业持续发展对超高压、远距离输电、减少占地、降低单位输送功率工程综合造价的要求，丰富了输电方式。近年来，部分紧凑型输电线路的自然环境恶劣区段多次发生舞动和冰害引发的放电等故障。鉴于此，对紧凑型输电线路故障原因、对应措施和适用性的探讨成为了电网关注的重要问题。国家电网公司于 2012 年组织国网高电压输电技术实验室，对故障频发的原因进行了初步分析，并出台了主要针对舞动和覆冰灾害的紧凑型输电线路反事故措施，对紧凑型输电线路的设计、运维工作提出了明确要求。但受此类停电故障频发的影响。

紧凑型输电线路只要规划合理，避开环境严重恶劣区域，采取技术措施，就能有效避免线路发生舞动和冰灾导致的相间、相地放电故障，从而保证发挥紧凑型技术的优势，避开劣势。因此，输电技术作为在我国落地生根并发扬光大的一项技术，有其生存发展的空间；现有逾八千公里的紧凑型输电线路的安全稳定运行的现实需要，均需业内人员继续关注并进一步研究其适用范围，开发出更多有效的故障预防和治理手段。

本书总结了近年来相关技术成果，结合大量的运行经验对紧凑型输电线路的故障类型、原因与防治措施、线路的运维方式进行了细致分析和阐述。本书力图全面介绍输电技术，覆盖了输电技术的原理、设计和运行各个领域，对输电线路技术领域的人员具有重要的指导意义。由于本书涉及的内容广泛，加上编者水平有限，不妥之处恳请同行专家、学者和广大读者批评指正，以便今后修订时改进。

目　录

第一章 电力工程基础

第一节 电力系统的组成

随着科学技术进步和生产的发展，用电量在不断地增加，发电厂、输电线路、变压器等的容量和数量迅速增大，电力用户对电能的稳定性、可靠性的要求也愈来愈高，对于电力工业发展初期的那种容量小、独立运行的发电厂是达不到这些基本要求的。同时，由于用电的负荷中心在城市、大工业中心，而发电厂一般建在水力、热力资源的产地，例如丰富的水力资源集中在水流落差较大的偏僻地区，煤、石油、天然气等的矿区距离负荷中心也很远。因此，为了能满足不断增长的用电需要，保证用电质量，就要在这些一次能源产地建立很大规模的火电厂、水电站，再通过输电线路，将电能送往负荷中心。这与建于大城市周围的发电厂相比不仅节省了大量的燃料运输费用，而且也杜绝了因燃料燃烧时对城市的污染。为了能大容量、高质量、远距离地输送电能，还必须建设高压输电线路及相应的升压、降压变电所（或称变电站），才能将电能供用户使用。

将分散于各地的各种类型的发电厂，通过输电线路、变电所与用户连接成一个整体，这就是现代的电力系统。

一、电力系统的组成

如上所述，电力系统就是由各种电压的输配电线路，将发电厂、变电所和用户连接成一个整体，能完成发电、输电、变电、配电直到用电这样一个全过程。另外，在电力系统中，将输配电线路及由它连接的各类变电所称为电力网络，简称电网，也就是说，电力网是输电、变电、配电形成的一个整体，因而，电力系统也可以看成由各类发电厂、电力网和用户组成的一个整体，有时，将各级电压的电力线路称作电力网或网络。

电力系统中，关于发电厂的类型及生产过程在第二节中已做过介绍。这里再简单介绍电力网、变电所的基本类型。

电力网按其供电范围的大小和电压高低分为地方电力网、区域电力网及超高压远距离输电网络等三种类型。

地方电力网是指电压等级在 35kV 以上、输电距离在 50km 以内的电力网，是一般城市、农村、工矿区的配电网络。

区域电力网的供电半径在 50km 以上，电压等级主要为 110~220kV，它将范围较大地区的发电厂联系起来，通过较长的输电线路，向各种类型的用户供电。这种电力网在我国各省（区）都有。

超高压远距离输电网络的电压等级为 330~500kV、输电距离超过 300km，它担负着将很远处发电厂生产的电能送往用电负荷中心，同时它可以将几个区域电力网联接成跨省（区）的大电力系统，我国的东北、华北、华中等电力网就属于这一类型电力网。在欧洲地区的一些国家，将国家间的电力网相互连接，形成跨国联合电力系统。

电力系统中的升、降压变电所分为枢纽变电所、中间变电所和终端变电所。枢纽变电所地位重要，处于联系电力系统各部分的中枢位置，容量也较大。

中间变电所是将发电厂、枢纽变电所及负荷中心联系起来，处于电源与负荷的中间位置。从这里还可以转送或引出一部分负荷。

终端变电所或称末端变电所一般是降压变电所，它直接向局部地区的负荷供电而不转送功率。在计算电力系统的有关参数时，往往将终端变电所直接看作电力系统的一个负荷，这样可以使考虑的问题得到简化。

二、组成电力系统运行的优点

分散于各地区的发电厂通过电力网并联运行与用户一起组成电力系统，电力系统运行在技术、经济上带来很大的好处，显示出明显的优点。

（一）合理利用资源，提高系统运行的经济效益

火力发电厂建于一次能源产地，水力发电厂建在水位落差较大的江、河之中，通过电力网，将电能送往大城市及工业负荷中心，节约了大量的燃料运输费用，避免了对负荷中心、大城市的环境污染，同时充分利用水力资源发电，节省了大量的燃料。

由于火电厂、水电厂并入电力系统运行，这样就可以灵活调整各电厂的发电量，提高电厂设备的利用率，例如，在枯水季节，由于水量不大，造成水电厂发电不足，这时系统中的火电厂能保证系统基本负荷的用电，水电厂则可以解决尖峰负荷的问题；而在丰水季节，让水电厂尽量多发电，火电厂的负荷减轻，以节约燃料，这样互相调节的结果，既充分利用了水力资源，又降低了煤耗，从而提高了电力系统运行的整体经济效益。

（二）减少了系统中的总装机容量

在电力系统的设计中，一般使发电设备的总装机容量大于系统最大的计算容量，从而获得了备用容量，这样，就使得在系统某些部件发生故障或检修时，不致因停电而影响生产、显然，整个电力系统的备用容量所占总装机容量的比例，比单独发电厂备用容量的比例小得多。同时，由于各发电厂所供负荷特征不同，最大负荷也不会同时出现，因而计算出的系统综合最大负荷，比各发电厂单独供电时的最大负荷总和要小，从而使系统总装机容量相应地减少。

（三）提高了供电的可靠性

为了防止发电机组发生故障或检修而中断对用户的供电，必须装设一定的备用容量，独立运行的发电厂，要装设一定的备用容量单独使用。当组成电力系统后，由于各发电厂之间可以互相备用，如采用同样比例的备用容量，其可靠性得到了更大的提高。

（四）可以采用较大容量的发电机组

大容量的发电机组效率较高，独立运行的发电机组，受备用容量的限制，机组容量不可能选用得很大。组成电力系统后，由于系统内有足够的备用容量，因而可以选用效率高的大容量机组，采用大容量机组比采用较小容量的机组效率提高，台数减少，占地面积减少，降低了投资和运行费用，提高了整体运行的经济性。

世界各国都在不断地扩大自己的电力系统，大多数工业发达国家，都建立了自己的全国统一电力系统，相邻国家间还建立了跨国联合电力系统。我国的国家电力公司，正在组织大区电力系统的互联，三峡工程完成后，将实现以长江三峡为中心的全国统一电力系统。大电力系统的优点是十分明显的，但应该看到，大电力系统内部相互之间的联系愈来愈紧密，自动化程度也愈来愈高，一旦系统内部发生故障而未及时排除，可能会涉及到整个系统，造成大面积停电，其后果是十分严重的。20世纪60年代，欧美、日本等国的一些地区，相继发生了大面积停电，造成了重大的经济损失，美国纽约地区，1977年7月发生了第二次大停电事故（第一次大停电在1965年），其直接经济损失在5500万美元左右，而间接经济损失超过了3亿多美元，同时也引起社会动荡、人们生活紊乱。因此，对大电力系统还需进行全面的研究，对系统内的紧密联系关系进行认真仔细的探讨，以保证电力系统的运行安全。

第二节 对电力系统运行的基本要求

由于电能的生产、输送和使用与其他工业生产过程有许多不同的特点，从这些基本特点出发，对电力系统运行提出了一些基本要求。

一、电力系统的基本特点

（一）电能的生产和使用是同时完成的

到目前为止，大容量电能的储存问题还没有解决，因而电能的生产和使用是同时完成的，这就是说，任一时刻，系统中的发电量取决于同一时刻用户的用电量，因此、必须保持电能的生产、输送和使用处于一种动态的平衡状态，这是电力系统中的一个最突出的特点。若供用电出现不平衡，系统运行的稳定性就会变坏。电力系统是一个由发电机、电力网及用户组成的整体、系统中任一个元件、任一个环节因设计不当，或保护不完善、操作失误，电气设备出现故障等，都会影响到系统的正常运行。例如 1965 年美国纽约第一次大停电，是其东部电力系统中一个继电器的误动作引起的。

（二）过渡过程十分短暂

电能以电磁波形式传播，有极高的传输速度，电力系统中的过渡过程也非常迅速。如开关的切换操作、电网的短路等过程，都是在很短的时间内完成的，系统中的过渡过程的时间以毫微秒计，为了保证电力系统的正常运行，必须设置比较完善的自动控制与保护系统，对系统进行灵敏而迅速的监视、测量和保护，以把系统的切换、操作或故障引起系统的变化限制在一定的范围之内。

（三）电力系统有较强的地区性特点

我国地域辽阔，自然资源分布很广，使我国的电源结构有很强的地域特点，有的地区以火电为主，有的地区以水电为主。而各地区的经济发展情况不一样、工业布局、城市规划、电气化水平等也不相同，常说的"西电东送""北煤南运""南水北调"等就是这种地区特色的具体写照，我国的火电占总发电量的70%、水电占22%、核电占6%，火电与水电的比例随季节不同，稍有变化，因而必须针对这些地区特点，在对电力系统规划设计、运行管理、布局及调度时，进行全面的考虑。

（四）与国民经济关系密切

电力工业与国民经济现代化关系密切，只有国家实现了电气化，才能实现国民经济的现代化。电能为国民经济各部门提供动力，电能也是人们的物质文化生活现代化的基础，随着国民经济的发展和人民生活现代化的进程加快，国民经济各部门电气化、自动化的水平愈来愈高，因而任何原因引起的供电不足或中断，都会直接影响到各部门的正常生产，造成人们生活紊乱。2001 年 2 月 22 日，我国辽宁电网由于"雾闪"（实质是环境污染严重，造成在大雾中形成的"污闪"），造成大面积停电，损失电量超过 $9 \times 10^6 \text{kW.h}$，间接损失也十分严重，许多工厂停工、铁路、公路、航运受影响或停运，电视台停播，直接影响到相关地区人们的正常生活。

根据电力工业在国民经济中的重要地位以及电力工业不同于其他工业部门的特点，提出了对电力系统的一些基本要求。

二、对电力系统的基本要求

电力系统的基本任务是为国民经济和人民生活提供充足、可靠、经济且质量好的电能、这是对电力系统最基本的要求。

（一）电力工业必须优先发展

电力工业必须优先于其它工业部门的发展而发展，只有电力工业先行发展，国民经济才能有计划、按比例地发展，人们物质文化生活现代化才有可靠的保证。这一点是在国家工业建设、设计规划时应优先考虑的问题，另外，还要对电力系统的运行加强现代化管理，提高现有设备运行、维护质量，保证电力系统正常运行，还必须进行科学的用电调度，保证为国民经济各部门和人民生活提供充足的电力。

（二）保证电能有良好的质量

电力系统不仅要满足用户对电能的需要，还要保证电能有良好的质量，只有这样，才能保证产品的质量，也才能保证设备、人身的安全。电能的质量指标是以电压、频率和波形来衡量的。

（三）保证供电的可靠性

保证供电的可靠性，是对电力系统最基本的要求。供电中断造成的后果往往是十分严重的，各种不同的用户，对供电可靠性的要求也不一样，根据用户负荷的性质和中断供电在经济、政治上所造成的损失和影响程度，规定将负荷（或说用户）分为三级（或称三类）：

1. 一级负荷

（1）中断供电将造成人身伤亡；（2）中断供电将在政治、经济上造成重大损失，如重大设备损坏，重大产品报废，重要原材料生产的产品大量报废，国民经济中重点企业的连续生产被打乱，需要长时间才能恢复；（3）中断供电影响有重大政治、经济意义的用电单位正常工作。如重要的铁路枢纽、重要的通信枢纽、重要宾馆及经常用于国际活动的大量人员集中的公共场所等用电单位中的重要电力负荷等都属于电力系统中一级负荷的用电户。

2. 二级负荷

（1）中断供电将在政治、经济上造成较大损失者。如：主要设备的损坏，大量产品报废，连续生产过程被打乱需较长时间才能恢复，重点企业大量减产等。

（2）中断供电将影响重要单位的正常工作者，如：铁路枢纽、通信枢纽等用电单位中的重要电力负荷，以及中断供电将造成大型影剧院、大型商场等大量人员集中的重要的公共场所秩序混乱者，都属于二级负荷。

3. 三级负荷

不属于一、二级负荷者，短时停电不会带来严重后果。

为保证供电的可靠性，应根据地区供电条件，对各级负荷的供电方式区别对待：

一级负荷应由两个独立的电源供电，有特殊要求的一级负荷，两个独立的电源应来自不同的地点，发生故障时两个独立电源互不受影响。

二级负荷的供电系统，应尽量做到发生故障时不致中断供电，或中断供电后能迅速恢复，在负荷较小或地区供电条件困难时，二级负荷可由一回 6kV 及以上专用线供电。三级负荷对供电电源无特殊要求。当系统发生故障时，如出现电力不足的情况，应首先考虑切除三级负荷，以保证一、二级负荷的用电。

（四）提高运行的经济性

提高电力系统运行的经济效益，降低发电厂的煤耗，降低线路功率损耗，可以降低电能生产、输送的成本，合理地规划、设计，合理地调度，实现发电厂和电力网的经济运行，例如，火电厂和水电厂发电量的优化配置、变压器的经济运行，各类负荷用电的合理调度等都能保证电力系统在经济状态下运行。同时，加强系统运行中的管理，减少元器件的故障，使系统处于最佳运行状态。

第三节 电力系统的质量指标

决定电力系统质量的指标是电压、波形和频率。

一、电压

电力系统中，理想的电压应该是幅值始终为额定值的三相对称正弦波电压，但由于系统中存在阻抗及用电负荷的变化、用电负荷不同的性质和不同的特点，造成了实际电压在幅值、波形和对称性上与理想电压之间出现偏差。电压的质量指标是按照国家制定的标准或规范，对电压的偏移、波动和波形的质量来评估的。

（一）电压偏移

电压偏移是指电网实际电压与额定电压之差（代数差），电压偏移也称电压损失、通常用其对额定电压的百分数来表示，电压偏移必须限制在允许的范围内，我国在《供用电规则》中规定，用户受电端的电压变动幅度应不超过额定电压的：

35kV 及以上供电和对电压质量有特殊要求的用户为 ±3%6：10kV 及以下高压供电和低压电力用户为 ±7%；低压照明用户为 +5%~-10%。

实际电压偏高或偏低，对运行中的用电设备会造成不良的影响。以照明用白炽灯为例当加于灯泡的实际电压高于其额定电压，发光效率虽有提高，但其使用寿命减少；相反，如果电压低于额定电压，则灯泡发光效率降低，使工作人员的视力健康受到影响，也会降低劳动生产率。

对电动机而言，当电压降低时，转矩随电压呈平方关系下降，例如，当电压降低 20%，转矩会降低到额定转矩的 64%，电流增加 20% ～ 35%，温度升高，造成电动机转速降低，可能导致工厂废品产生，电动机线圈过热，绝缘加速老化，甚至烧毁电动机。当电压过高时，电动机、变压器等设备铁芯会出现饱和、铁耗增大、激磁电流增大，也会导致电机过热，效率降低，波形变坏。对其它电气设备，电压变化也将使其运行性能变坏，甚至发生人身、设备事故。

另外，对电子设备而言，电压过高或过低都将使电子元件特性改变，影响到整台设备的正常运行，甚至损坏设备。因此，在运行中，必须按规定的电压质量标准，将电压的偏移限制在规定的范围内。

产生电压偏移的主要原因是正常的负荷电流或故障电流在系统各元件上流过时所产生的电压损失所引起的。

为了减小电压偏移，采取的主要措施有：合理地减少系统的阻抗，减少系统的变压级数，增大导线或电缆的截面积，尽量保持系统三相负荷平衡，高压线深入负荷中心、多回路并联供电等方法，以降低系统阻抗，减少电压损失。另外，变压器可采用经济运行方式，既可以减少电能损耗，又调节了电压；对用户而言，可以采用有载或无载调压变压器，直接对电压进行调整。对那些功率因数低，带有冲性负荷的线路，采用无功功率补偿装置，以降低线路电流，达到减少电压偏移的目的。

（二）电压波动

电压波动是电能质量的重要指标之一。所谓电压波动是指电压在系统电网中作快速、短时的变化，变化更为剧烈的电压波动称为电压闪变。

白炽灯对电压波动十分敏感，频繁的电压波动刺激人的双眼，以致无法进行正常的生产和生活。急剧的电压波动在生产上会影响到产品的质量，可能使电动机无法正常启动，引起同步电动机转子振动，电子设备无法正常工作等。

电压波动和闪变主要是由于用户负荷的剧烈变化所引起的。例如，电动机的启动、电网的启动或恢复时的自启动电流，大型设备如轧钢机的同步电动机启动，大型电焊设备、电弧炼钢炉等都是目前造成电压波动和闪变的重要原因。

抑制或减少电压波动、闪变的主要措施有：采用合理的接线方式，对负荷变化剧烈的大型设备、采用专用线或专用变压器供电、提高供电电压，减少电压损失，增大供电容量，减少系统阻抗，增加系统的短路容量等方法，对抑制电网的电压波动和闪变能起到良好的效果。在系统运行时，也可以在电压波动严重时减少，甚至切除引起电压波动的负荷，为了减少无功功率冲击引起的电压闪变，国内外普遍采用一种静止无功功率补偿装置（SVC）进行无功功率补偿。

（三）高次谐波

电压波形的质量是用其对正弦波畸变的程度来衡量的。如在系统和用户处存在谐波干扰，将使系统中的电压、电流波形发生畸变。

在电力系统中，高次谐波电流或电压产生的主要原因是由于系统中存在着各种非线性元件，例如，气体放电灯、变压器、感应电动机、电焊机、电解、电镀等，这些设备工作时都要产生谐波电流或谐波电压。最严重的谐波干扰来自容量不断增大的大型晶闸管整流装置和大型电弧炉的运行，它们产生的高次谐波电流，是目前最主要的谐波源。

高次谐波电流通过电机、变压器，将增大铁损，使电机、变压器铁芯过热，缩短使用寿命，高次谐波电流使系统中的电流有效值增大，电阻的集肤效应增强，导致电网中产生了附加功率损耗。高次谐波电压使电容器的正常容抗减少，造成电容器的负荷增大，甚至被烧毁。高次谐波电流还会使电子设备的正常工作受到干扰，对通信设备产生信号干扰，继电保护装置发生误动作。谐波电流，还会对供电装置产生影响，引起母线上电压畸变，对接在母线上其他的正常用户也产生了很大的影响。

目前，对高次谐波电流或电压抑制的主要措施有：限制接入系统的变流设备及交流调压设备的容量，提高供电电压或单独供电等。在技术上可以采取增加整流器的相数，对整流变压器采用 y，$d(Y/\Delta)$）或 D，$y(\Delta/Y)$ 接线，装设分流的无源滤波器，消除或吸收一些次数的高次谐波，避免这些高次谐波电流流入到电力系统中去。对大型的非线性设备，还可以装设静止无功补偿装置（SVC），以吸收其产生的无功功率。近年来，国内外正在研制有源交流滤波装置（即谐波抵消装置），该装置工作时，首先测定谐波频谱，再将一定幅值的直流电流，利用 PWM 的控制方式，产生与谐波源相反的高次谐波电流，提供给负荷，抵消高次谐波，但保留基波电流供负荷使用。

二、频率

我国电力系统中的标准频率为 50Hz，俗称工频，工业设备工作频率应与电力系统标称频率一致，如频率偏离正常值，将对用户产生严重的影响，如电动机的转速会随着频率高低而升降，频率的变化，将影响产品的产量和质量，例如造出纸张厚薄不匀，织出的布料出现疵点，电子设备误动作，信号误传。频率急剧下降而不制止，有可能会使整个电力系统崩溃，必须要防止这样的严重事故出现。

我国技术标准规定，频率偏差不得超过±0.5Hz，对于容量大的系统，其偏差要求更严，不得超过±0.2Hz。

用户的用电频率质量，是由电力系统保证的。在系统运行时，要求整个系统任一瞬间保持频率一致。要达到频率的质量指标，首先应做到电源与负荷间的有功功率平衡。发生频率偏差时，可采用调频装置调频，当供用电有功负荷不平衡时，可以切除一些次要负荷，保持有功功率平衡，以维持频率的稳定。

第四节 电力系统的接线方式和电压等级

一、电力系统的接线方式

电力系统的接线方式对电力系统的运行安全及系统的经济性影响很大。在选择电力系统的接线方式时，应考虑使系统接线紧凑、简明，线路尽量深入负荷中心，简化电压等级，保证操作人员安全，同时，对系统的调度、操作要灵活、可靠、方便。还要使接线投资费用少、运行费用省。

电力系统的接线方式一般分为开式电力网和闭式电力网两类。

（一）开式电力网

由一端电源向用户供电的电力网叫开式电力网或单端电源电力网，采用这种接线方式，用户只能从一个方向获得电源。

开式电力网的接线方式中有放射式、干线式和链式。

开式电力网接线方式简单，运行方式经济，但其可靠性较低，不适用于一级负荷比重较大的场合，但依靠自动装置、继电保护的配合，也可以向二级负荷供电。

放射式接线的优点是各放射线路互不受影响，供电可靠，并能保证电压质量，但用线较多，该接线方式一般用于向容量较大的三级负荷或一般的二级负荷供电。干线式、链式接线方式的可靠性不如放射式接线好，但其负荷点较多，所用的接线较少，如在干线或分支线的适当地方加装开关器件，也可以提高这种接线方式的可靠性和灵活性。

（二）闭式电力网

闭式电力网是由两条或多条电源线路向用户供电的电力网。

由于闭式电力网的负荷是由两条及以上的电源线路供电，因此供电的可靠性高，适用于对一级负荷的用户供电。

复杂闭式网络，有多个电源，可靠性高，线路运行、检修灵活，但接线多，投资大，操作较复杂，目前这种接线方式多用于发电厂之间，发电厂与枢纽变电站之间的联系，供电网络很少采用。

近代电力系统接线是很复杂的，电源的位置，负荷的特点及负荷分布的不同，使得输配电网络接线也不相同，例如，城市型电力系统，以围绕城市周围采用正常开环运行的环形网络供电。而农用电网多采用辐射式架空线路供电，各种电压等级线路的供电半径比城市型配电网大得多。

远距离型电力系统，通过远距离输电线路，把大型水电厂、矿口火电厂、核电厂的电能送往大城市及工业中心，这类系统常为开式系统，其输送电能时可采用超高压交流输电线路、超高压直流输电线路或交、直流并列的输电线路。

二、电力系统的电压等级

电力系统的额定电压等级是由国家制定颁布的。

电气设备在额定电压下运行时，其技术经济性能最好，也能保证其安全可靠地运行。由于有了统一的额定电压标准，电力工业、电工制造业等行业才能实现生产标准化、系列化和统一化。

从额定电压的标准中，可以看出如下特点：

（一）用电设备的额定电压和电网的额定电压一致

当用电设备的额定电压与同级电网的额定电压一致时，才有如上所述的优点。但事实上，由于输送电能时，在线路和变压器等元件上产生电压损失，造成线路上的电压处处不相等，各点实际电压偏离了额定值，为了用电设备有良好的运行性能，国家对各级电网电压的偏差有严格的规定，一般在用户处电压偏移不得超过 $\pm 5\%$，取线路的平均电压为用电设备的额定电压：$u = (u_1 + u_2)/2$，式中 u_1、u_2 为线路首端、末端电压。这样，线路正常运行时，电压偏移不会超过 10%，即线路首端电压不超过额定电压 +5%，末端电压不低于 -5%，就能满足用电设备安全、经济运行的要求，而对用电设备而言，其正常工作电压的范围，应具有比电网电压允许偏差更宽的范围。

（二）发电机的额定电压

发电机接在电网的首端，其额定电压比同级电网额定电压高 5%，用于补偿电网上的电压损失。

（三）变压器的额定电压

变压器的额定电压分为一次绕组额定电压和二次绕组额定电压。

当变压器接于电网首端、与发电机引出端相连时，其一次绕组的额定电压应与发电机额定电压相同，变压器的二次绕组的额定电压，是绕组的空载电压，当变压器为额定负载时，绕组阻抗所造成的电压损失约为 5%；另外，变压器二次侧向负荷供电，相当于电源的作用，其额定电压应比同级电网额定电压高 5%，考虑上述两种因素时，二次绕组额定电压应比同级电网额定电压高 10%。

当变压器接于电网末端时，其性质等同于电网上的一个负荷，一般为降压变压器，其一次绕组的额定电压应与同级电网的额定电压一致；而二次绕组的额定电压高于同级电网的额定电压 10%，但当二次输电距离较短，或变压器本身绕组阻抗较小，二次侧绕组的额定电压也可以只比同级电网的额定电压高 5%。

三、电压等级的选择

电压等级选择，涉及的因素较多，显然不能用一个简单的公式来概括全部内容。正确地选择电压等级，对电力系统的投资、运行费用、运行的方便灵活及对设备运行的经济合理等都是十分重要的。

提高所选用的电压等级，在输送距离、输送容量一样时，线路上的功率损耗、电压损失会减少，能保证电压质量，节约有色金属。但电压等级越高，线路上绝缘等级也要相应提高，费用加大，线路中的杆塔、附件及线路铺设方式都要作相应改变，沿线变配电所、开关器件等的投资费用都要随电压的升高而增加，因此，设计时，要综合考虑，进行技术经济比较后，才能决定所选电压的高低。

负荷的大小、输电距离远近对电压选择有很大影响。输送功率愈大，输送距离愈远，则应选择较高的电压等级。某一级额定电压，对应着合理的输送容量和输送距离，根据设计和运行经验。

第二章 整流电路及有源逆变

交流－直流（AC-DC）变换称为整流，它是把交流电转换成所需直流电的变流过程。众所周知，交流电是人们日常生活或工作的主要电能来源，但各种仪器装置中的很多电气电子设备需要用直流电源。例如，直流电动机供电电源需要直流电，电路板中的微控制器用 +3.3V 或 +5V 直流电压，运算放大器可能是 ±15V 的直流电源。为了满足这些设备对电源的要求，可通过整流电路把交流电进行整流，再按照要求对整流后的直流电进行处理。AC-DC 电路交流侧一般连入电网或其他交流电源。通常根据运行过程中电能传递方向的不同，AC-DC 变换器又可分为整流运行和有源逆变运行两种工作状态：运行于整流工作状态的 AC-DC 变换器通常称为整流运行；若电能由直流侧向交流侧传递，则此种工作状态称为有源逆变运行，有源逆变实际上只是整流的一种可逆运行状态。一般而言，运行于整流状态的变换器未必可以运行于有源逆变状态，而运行于有源逆变状态的变换器，在其外部电路条件满足时，一般均可运行于整流状态。

整流电路是电力电子技术中出现最早的一种变换电路，应用十分广泛，电路形式多种多样。按电路结构可分为半波电路、全波电路和桥式电路；按电源相数可分为单相电路、三相电路和多相电路；按电路组成的器件可分为不可控整流电路、半控整流电路、全控整流电路等。在可控整流电路中，传统的方法是通过控制晶闸管的导通时刻来控制输出的直流电压，这样的电路称之为相控整流电路，而由全控型器件组成的 PWM 整流电路，由于其性能优良，已越来越受到工程领域的重视。

第一节 单相可控整流电路

单相可控整流电路的交流侧接单相交流电源，本节主要介绍 4 种基本电路：单相半波可控整流电路、单相桥式全控整流电路、单相全波可控整流电路、单相桥式半控整流电路。

本节要求掌握不同负载情况下每种电路的原理图、触发脉冲规律、相应波形分析与绘制、有关名词、基本数量关系及其他注意事项。

一、单相半波可控整流电路

（一）阻性负载工作情况

在实际生活和生产中，电灯、电炉以及电焊、电解设备等都属于阻性负载。图 2-1 所示为单相半波可控整流电路带阻性负载时的电路及工作波形。图中 T 为整流变压器，起电压变换和电路隔离的作用，其一次侧和二次侧电压瞬时值分别用 u_1 和 u_2 表示，有效值分别用 U_1 和 U_2 表示。ωt_1 时刻（对应电源相位角为 α）给晶闸管 VT 门极施加可靠触发脉冲。

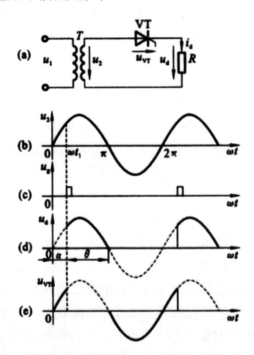

图 2-1 所示为单相半波可控整流电路带阻性负载时的电路及工作波形

1. 工作情况分析

（1）根据晶闸管导通特性可分析出，在电源一个周期（0~2π）内，晶闸管通断状态为：

区间段	[0, a)	[a, π)	[x, 2π)
VT 状态	关断	导通	关断

（2）由之前的电路知识可知：①若晶闸管 VT 处于关断状态，则电路中电流 i_d 为零，直流输出电压 u_d 为零，晶闸管 VT 承受电压 u_{VT} 为电源电压 u_2；②若晶闸管 VT 处于导通状态，则电路中电流 i_d 不为零，直流输出电压瞬时值 u_d 与 u_2 相

等，晶闸管两端电压u_{VT}为零。

（3）由电阻负载特性可知：负载两端的电压和电流波形形状相同、相位相同，电阻负载只消耗电能，而不能储存和释放电能。

综上分析，电路中负载端输出电压u_d波形及晶闸管两端承受的电压波形u_{VT}如图2-1（d）、（e）所示。

该电路整流输出电压u_d波形只在u_2正半周出现，故该电路称为"单相半波可控整流电路"。整流电压u_d的波形在一个电源周期中只脉动1次，故也称为"单脉波整流电路"。

2. 几个基本概念

（1）触发延迟角：从晶闸管开始承受正向阳极电压起，到施加触发脉冲止的电角度称为触发延迟角，用α表示，也称触发角或控制角。

（2）导通角：晶闸管在一个电源周期中处于通态的电角度称为导通角，用θ表示，$\theta = \pi - \alpha$。

（3）移相：改变触发延迟角α的大小，即改变触发脉冲U_g出现的位置，称为移相。

（4）移相范围：触发延迟角α从0°开始到最大触发电角度的区间称为移相范围。

（5）相控方式：这种通过控制触发脉冲的相位来控制直流输出电压大小的方式称为相位控制方式，简称相控方式。

3. 基本数量关系分析

（1）整流输出电压平均值为：

$$U_d = \frac{1}{2\pi}\int_\alpha^\pi \sqrt{2}U_2\sin\omega t \, d(\omega t) = \frac{\sqrt{2}U_2}{2\pi}(1+\cos\alpha) = 0.45U_2\frac{1+\cos\alpha}{2} \tag{2-1}$$

由式（2-1）可以看出：$\alpha=0$时，整流输出电压平均值为最大$U_{d\max}=0.45U_2$；随着α增大，U_d减少，当$\alpha=\pi$时，$U_{d\min}=0$。所以，该电路中，α移相范围为0°～180°。

（2）整流输出电流平均值：

$$I_d = \frac{U_d}{R} = 0.45\frac{U_2}{R}\frac{1+\cos\alpha}{2} \tag{2-2}$$

（3）整流输出电压有效值U和电流有效值I：

$$U = \sqrt{\frac{1}{2\pi}\int_\alpha^\pi (\sqrt{2}U_2\sin\omega t)^2 \, d(\omega t)} = U_2\sqrt{\frac{\pi-\alpha}{2\pi}+\frac{\sin 2\alpha}{4\pi}}$$

$$\tag{2-3}$$

$$I = \frac{U}{R} = \frac{U_2}{R}\sqrt{\frac{\pi - \alpha}{2\pi} + \frac{\sin 2\alpha}{4\pi}}$$

(2-4)

（4）整流变压器二次电流有效值：

$$I_2 = I$$

(2-5)

（5）流过晶闸管电流的有效值：

$$I_{VT} = I$$

(2-6)

流过晶闸管电流的平均值：

$$I_{dVT} = I_d = \frac{U_d}{R}$$

(2-7)

（6）晶闸管承受的最大正向电压（U_{FM}）和反向电压（U_{RM}）：

$$U_{FM} = U_{RM} = \sqrt{2}U_2$$

(2-8)

（7）整流电路的功率因数：

$$\lambda = \frac{P}{S} = \frac{U_2}{U_2 I_2}\sqrt{\frac{\pi - \alpha}{2\pi} + \frac{\sin 2\alpha}{4\pi}}$$

(2-9)

（二）阻感负载工作情况

生产实践中，负载是既有电阻也有电感，当负载中感抗 ωL 与电阻 R 相比不可忽略时即为阻感负载。若 $\omega L \gg R$，则负载主要呈现为电感，称为电感负载，例如电机的励磁绕组、电磁铁线圈等。单相半波可控整流电路阻感负载原理图如图 2-2（a）所示。

电感负载特性回顾：电感对电流变化有抗拒作用，当电感中电流增强时，电感产生自感电动势阻止电流增加；当电感中电流减小时，自感应电动势又将阻止电流减小。这是电感负载的特点，也是理解整流电路阻感负载工作情况的关键之一。

1. 工作情况分析

（1）ωt_1：时刻 VT 有触发脉冲，满足 VT 导通条件，VT 导通。导通后，直流输出电压瞬时值 u_d 与 u_2 相等，而直流输出电流 i_d 则从零逐步增加。

（2）因负载为电感负载，故负载电流滞后负载电压一个角度，故当 π 时刻 $u_d = u_2$ 为零时，i_d 是不为零的，即该时刻回路是处于导通状态。

（3）π 时刻 i_d 不为零实际上是因为电感负载将先前时刻吸收的能量进行释放

从而维持回路的导通，故待能量释放完毕时刻即为 $i_d = 0$ 时刻。

综上分析，u_d、i_d 及晶闸管两端电压 u_{VT} 的波形如图 2-2（d）、（e）、（f）所示。

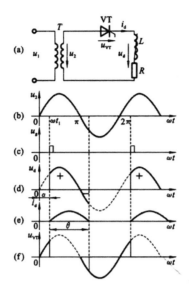

图 2-2 单相半波可控整流电路带阻感负载时的电路及工作波形

2. 注意事项

当负载阻抗角 $\phi(\phi = \arctan \dfrac{\omega L}{R})$ 或触发角 α 不同时，晶闸管的导通角 θ 也不同。

（1）若 ϕ 为定值，α 越大，电感 L 在 u_2 正半周储能就越少，则在 u_2 负半周维持回路导通的能力就越弱，θ 就越小；若 α 为定值，φ 越大，L 在 u_2 正半周储能就越多，则在 u_2 负半周维持回路导通的能力就越强，θ 就越大。

（2）若回路在负半周维持导通的时间越长，则 u_d 中负的部分就越接近正的部分，其平均值 u_d 就越接近零，输出的直流电流平均值也越小，在实际应用中该电路不适用。实际应用中，若是阻感负载则通常在整流电路的负载两端并联一个二极管，称为续流二极管，用 VDg 表示，如图 2-3（a）所示。图 2-3（b）～（g）所示是该电路的典型工作波形。

3. 工作情况分析

图 2-3（a）所示电路中，在电源电压正半周，晶闸管 VT 在 α 时刻触发导通，有电流流过 VT-L-R 回路，负载上电压瞬时值 u_d 与 u_2 相等，续流二极管 VDR 因承受反向电压关断，不影响电路工作。当电源电压过零变负后，VDR 承受正向电压导通，同时，晶闸管 VT 承受反向电压关断。此时，是电感储存的能量保证了电流在 L-R-VDR 回路中流通，此过程通常称为续流。

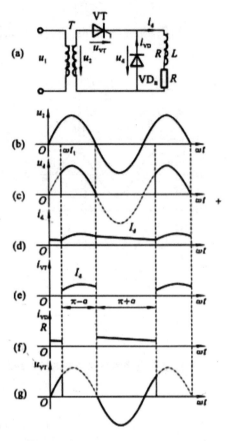

图 2-3 单相半波阻感负载有续流二极管的电路及波形

若忽略二极管的通态压降，则在续流期间 $u_d = 0$，这样，u_d 中不再出现负的部分。但与电阻负载时相比，i_d 的波形是不一样的。假设 L 足够大，即 $\omega L \ll R$，则在 VT 关断期间，VDR 可持续导通，i_d 连续，且 i 波形接近一条水平线，如图 2-3（d）所示。

晶闸管电流 i_T 的波形以及续流二极管 VDR 的电流（i_{VDR}）波形如图 2-3（e）、（f）所示。

4. 基本数量关系分析

（1）整流输出电压平均值为（与阻性负载时相同）：

$$U_d = 0.45 U_2 \frac{1+\cos\alpha}{2}$$

$$(2-10)$$

可以看出其移相范围仍为 0°～180°。

（2）流过晶闸管的电流平均值 I_{dVT} 和有效值 I_{dVT} 分别为（近似认为 i_d 为一条水平线，大小恒为 I_d）：

$$I_{dVT} = \frac{\pi - \alpha}{2\pi} I_d$$

$$(2-11)$$

（3）续流二极管的电流平均值 I_{dVT_R} 和有效值 I_{dVT_R} 分别为：

$$I_{dVT_R} = \frac{\pi + \alpha}{2\pi} I_d$$

$$(2-13)$$

$$I_{dVT_R} = \sqrt{\frac{1}{2\pi} \int_{\pi}^{2\pi + \alpha} I_d{}^2 d(\omega t)} = \sqrt{\frac{\pi + \alpha}{2\pi}} I_d$$

$$(2-14)$$

晶闸管承受的最大正反向电压均为 $\sqrt{2}U_2$，续流二极管承受最大反向电压也为 $\sqrt{2}U_2$。

5. 注意事项

当整流电路中接有大电感负载时，由于晶闸管触发导通的瞬间电流从零开始缓慢上升，如果触发脉冲宽度不够，有可能发生电流未上升到晶闸管的擎住电流触发脉冲就已经消失的情况，从而使晶闸管在触发脉冲消失后又恢复正向阻断状态，所以要求触发脉冲有足够的宽度。

单相半波可控整流电路的特点是简单、易于调整。缺点是输出电压（电流）脉动大，变压器二次电流中含直流分量，造成变压器铁芯直流磁化。为使变压器铁芯不饱和，需增大铁芯截面积，这样增大了设备的容量。实际上很少应用此种电路。分析该电路的主要目的在于利用其简单易学的特点，建立起整流电路的概念。

二、单相桥式全控整流电路

（一）阻性负载工作情况

单相桥式全控整流电路带电阻负载时的电路及工作波形如图 2-4 所示，图中晶闸管 VT1 和 VT2，组成一对桥臂，触发角为 α；VT2 和 VT3 组成另一对桥臂，触发角也为 α（此处 α 实为电源相位的 $\pi + \alpha$ 时刻）。

1. 工作情况分析

由电路分析可知以下几点。

（1）该电路有 2 条支路：在 u_2 正半周（即 α 点电位高于 b 点电位），可能导通的支路为 $a - VT_1 - R - VT_4 - b$；在 u_2 负半周，可能导通的支路为 $b - VT_1 - R - VT_4 - a$。

（2）在正半周的 α 时刻，VT_1 和 VT_4 获得可靠的触发脉冲；在负半周的 $\pi+\alpha$ 时刻，VT_2 和 VT_3 获得可靠的触发脉冲。

2. 注意事项

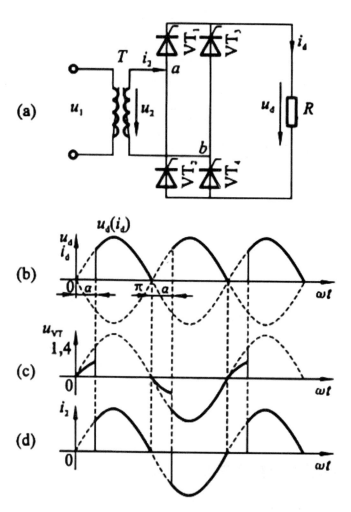

图2-4 单相桥式全控整流电路带电阻负载时的电路及工作波形

若 4 个晶闸管均不导通，负载电流 i_d 为零，u_d 也为零，VT_1 和 VT_4 串联承受电压 u_2，设 VT_1 和 VT_4 的漏电阻相等，则 VT_1 和 VT_4 各承受 u_2 的一半；若 VT_1 和 VT_4 不导通，但是 VT_2 和 VT_3 导通，则 VT_1 和 VT_4 均承受 u_2 电压。

分析的各波形图如图 2-4（b）～（d）所示。

3. 基本数量关系分析

（1）整流输出电压平均值：

$$U_d = \frac{1}{\pi}\int_a^{\pi}\sqrt{2}U_2\sin\omega t\, d(\omega t) = \frac{\sqrt{2}U_2}{\pi}(1+\cos\alpha) = 0.9U_2(\frac{1+\cos\alpha}{2})$$

$$(2\text{-}15)$$

当 $\alpha = 0$ 时，$U_d = U_{d0} = 0.9 U_2$；当 $\alpha = 180^0$ 时，$U_d = 0$。可见，α 角的移向范围是 $0^\circ \sim 180^\circ$。

（2）负载电流的平均值为：

$$I_d = \frac{U_d}{R} = 0.9 \frac{U_2}{R} \frac{1+\cos\alpha}{2} \tag{2-16}$$

晶闸管的电流平均值 I_{dVT} 和有效值 I_{VT}（由于晶闸管 VT_1、VT_4 和 VT_2、VT_3 在电路中轮流导通，所以流过每个管子的电流平均值为负载电流的一半）：

$$I_d VT = \frac{1}{2} I_d \tag{2-17}$$

$$I_V = \sqrt{\frac{1}{2\pi} \int_\alpha^\pi (\frac{\sqrt{2}u_2}{R} \sin\omega t)^2 d(\omega t)} = \frac{U_2}{\sqrt{2}R} \sqrt{\frac{1}{2\pi} \sin 2\alpha + \frac{\pi - \alpha}{\pi}} \tag{2-18}$$

（4）变压器二次绕组电流有效值为：

$$I_2 = \sqrt{2} I_{VT} \tag{2-19}$$

（5）电路功率因数为：

$$\lambda = \frac{P}{S} = \frac{U_2}{U_2 I_2} = \sqrt{\frac{1}{2\pi} \sin 2d + \frac{\pi - \alpha}{\pi}} \tag{2-20}$$

（6）晶闸管承受的最大正向电压和反向电压分别为 $\frac{\sqrt{2}}{2} U_2$ 和 $\sqrt{2} U_2$。

由于在交流电源的正负半周都有整流输出电流流过负载，故该电路为全波整流。在一个周期内，整流电压波形脉动 2 次，脉动次数对于半波整流电路，该电路属于双脉冲整流电路。变压器二次绕组中，正负两个半周电流方向相反且波形对称，平均值为零，即直流分量为零，如图 2-4 所示，不存在变压器直流磁化问题，变压器绕组的利用率也高。

（二）阻感负载工作情况

单相桥式全控整流电路带阻感负载电路图如图 2-5（a）所示。为了便于分析该电路，假设电感很大，即 $\omega L \gg R$，且电路已工作于稳态，电流波形已经形成。

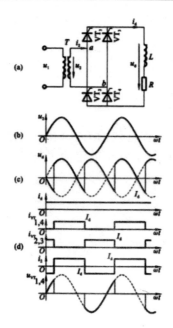

图 2-5 单相桥式全控整流电路带阻感负载时的电路及工作波形

1. 工作情况分析

（1）由先前的电路分析可知：若电感在正半周储能越多，则在负半周维持回路导通的时间就越长，当 ωL 极大时，可以近似认为电感中的能量可以维持到下一条支路的开通。

（2）负载中有电感存在，电感对负载电流起平波作用，故负载电流不能突变，即近似认为 i 波形为直线。

（3）在电源电压 u_2 的正半周期相位 α 处给晶闸管 VT_1 和 VT_4 加触发脉冲使其开通。

在电源电压 u_2 的负半周期，VT_3 和 VT_2 承受正压，但是只有在触发角 $\alpha(\omega T = \pi + \alpha)$ 处才会开通。

2. 注意事项

4 个晶闸管中，在 VT_1 和 VT_4，导通期间，VT_1 和 VT_4 承受电压为零；VT_1 和 VT_4 不导通期间，VT_3 和 VT_2 处于导通状态，将电源电压引到 VT_1 和 VT_4，使其承受全部电源电压 u_2。

分析的各波形图如图 2-5（b）～（d）所示。

3. 基本数量关系分析

（1）整流输出电压平均值 U_d 为：

$$U_d = \frac{1}{\pi} \int_{\alpha}^{\pi+\alpha} \sqrt{2}U_2 \sin \omega t\, \mathrm{d}(\omega t) = 0.9U_2 \cos \alpha$$

$$(2\text{-}21)$$

当 $\alpha = 0^0$ 时 $2\,U_d = 0.9U_2$；当 $\alpha = 90^0$ 时，$U_d = 0$。故晶闸管移相范围为 $0° \sim 90°$。

（2）晶闸管通过的电流平均值和有效值为：

$$I_{dVT} = \frac{1}{2}I_d$$

$$I_{VT} = \frac{1}{\sqrt{2}}I_d = 0.707\,I_d$$

（2-22）

（3）晶闸管导通角 θ 与 α 无关，均为 $180°$。

（4）晶闸管承受的最大正反向电压均为 $\sqrt{2}U_2$。

（5）变压器二次电流的波形为正负各 $180°$ 的矩形波，其相位由 a 角决定，有效值 $\sqrt{2}U_2$。

3. 带反电动势负载的工作情况

当负载为蓄电池、直流电动机电枢（忽略其中的电感）等时，负载可以看成一个直流电压源，对整流电路而言，它们就是反电动势负载。其电路及工作波形如图 2-6 所示。

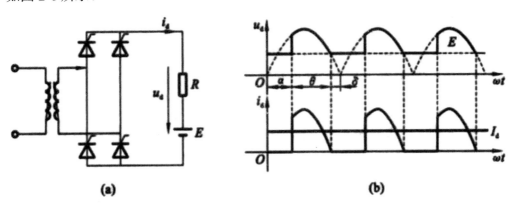

（a） （b）

图 2-6 单相桥式全控整流电路接电阻 – 反电动势负载时的电路及工作波形

（1）工作情况分析

如图 2-6 所示，由于反电动势的存在，电路只在 $|u2| > E$ 时，晶闸管才承受正电压，有导通的可能；晶闸管导通之后，$u_d = u_2$，$i_d = \dfrac{u_d - E}{R}$，直至 $|u_2| = E$，i_d 降至零使得晶闸管关断，此后 $u_d = E$；与电阻负载相比，晶闸管提前了电角度 δ 停止导电，δ 称为停止导电角。

$$\delta = \sin^{-1}\frac{E}{\sqrt{2}u_2}$$

（2-23）

（2）注意事项

①当 $\alpha < \delta$ 时，若触发脉冲到来，因晶闸管实际上是承受负电压，故不可能

导通。因此，为了使晶闸管可靠导通，要求触发脉冲有足够的宽度，保证 $\omega t=\delta$ 时刻晶闸管开始承受正电压时，触发脉冲仍然存在。

②当反电动势负载为电池时，一般不外接平波电抗器，此时可认为电路接电阻—反电动势负载；当反电动势为直流电动机时，如果出现电流断续则直流电动机的机械特性将很软。因此，为了保证负载电流连续，一般接平波电抗器，此时可认为电路接电感—反电动势负载。

③为保证直流电动机负载电流连续所需的电感量 L 可由下式求出：

$$L = \frac{2\sqrt{2}U_2}{\pi\omega Id_{\min}} = 2.87 \times 10^{-3}\frac{U_2}{I_{d\min}}$$

(2-24)

三、单相全波可控整流电路

单相全波可控整流电路是一种实用的单相可控整流电路，其带电阻负载时的电路及工作波形如图 2-7 所示，T 为带中心抽头的电源变压器，作用是产生大小相等而相位相反的 u_2，VT_1、VT_2 为性能相同的晶闸管。

（一）工作情况分析

1. u_1 正半周时，T 次级 VT_1 阳极电位高于 VT_2 阳极电位，给 VT_1 可靠触发脉冲，在 u_2 作用下，VT_1 导通（VT_2 截止），i_{VT_1} 自上而下流过 R。

2. u_2 负半周时，T 次级 VT_1 阳极电位低于 VT_2 阳极电位，给 VT_2 可靠触发脉冲，在 u_2 的作用下，VT_2 导通（VT_1 截止），i_{VT_1} 自上而下流过 R。

可见：一个周期内，负载上得到两个半波电压，整流输出电压波形与单相桥式全控整流电路带电阻负载时输出电压波形相同。

（二）基本数量关系分析

1. 整流输出电压平均值为：

$$U_d = 0.9U_2\frac{1+\cos a}{2}$$

(2-26)

2. 负载电流平均值为：

$$I_d = \frac{U_d}{R}$$

(2-27)

3. 晶闸管的电流平均值为：

$$I_{dVT} = \frac{1}{2}I_d$$

4.晶闸管的电流平均值为：

$$U_{RM} = 2\sqrt{2}U_2$$

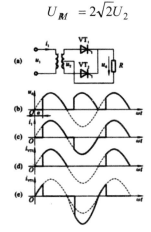

图 2-7 单相全波可控整流电路带电阻负载时的电路及工作波形

（三）单相全波可控整流电路的特点

1.单相全波可控整流电路与单相桥式全控整流电路比较，所用晶闸管器件减少一半，门极驱动电路也少 2 个；1 个导电回路只含 1 个晶闸管，所以导通时导通压降小，压降损失小。

2.变压器不存在直流磁化的问题，但变压器结构较复杂，材料的消耗多；另外，晶闸管承受的最大电压是单相全控桥的 2 倍，因此，单相全波可控电路适合在低输出电压的场合应用。

四、单相桥式半控整流电路

在单相桥式全控整流电路中，如果把电路中的两个晶闸管换成两个二极管，这样就组成了单相桥式半控整流电路。单相桥式半控整流电路与单相桥式全控整流电路相比，因为减少了晶闸管，控制更为简单，更为经济。

（一）电阻负载工作情况

单相桥式半控整流电路带电阻负载时的电路如图 2-8 所示。图中整流桥由两个晶闸管 VT_1、VT_2 和两个二极管 VD_3、VD_4 组成。

工作情况分析：阻性负载时，单相桥式半控整流电路的工作情况与单相桥式全控整流电路几乎完全相同，其 u_d、i_d 波形及 U_d、I_d、I_V 等参数的计算均与单相桥式全控整流电路相同，这里不再重述。

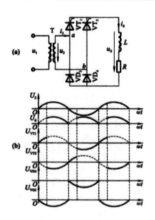

图2-8 单相桥式半控整流电路带电阻负载时的电路及工作波形

（二）阻感负载工作情况

1.无续流二极管的情况

工作情况分析：（1）晶闸管为半控器件，其在承受正向电压且有触发脉冲时导通；而二极管为不可控器件，其在承受正向电压时导通；（2）因为 $\omega L \gg R$，故 i_d 波形近似为直线；（3）在电源一个周期（$0 \sim 2\pi$）内，分析出晶闸管和二极管导通情况如下：

表2-1 在电源一个周期（$0 \sim 2\pi$）内，分析出晶闸管和二极管导通情况

区间段	[a，π）	[π，π＋a)	[π＋a，2)	[2π，2π＋a) 即 [0，a)
VT1	导通	导通	关断	关断
VT2	关断	关断	导通	导通
VD3	关断	导通	导通	关断
VD4	导通	关断	关断	导通

由上述分析可知以下几点。

（1）在正常运行情况下，如果突然把触发脉冲切断或者将触发延迟角 α 增大到180°，电路将产生"失控"现象。失控后，电路工作情况表现为：一个晶闸管持续导通，两个二极管轮流导通，整流输出电压波形半周期为正弦波，另外半周期为零，即输出电压平均值恒定。（2）电路出现失控的原因在于：正在导通的晶闸管的关断必须依赖后续晶闸管的开通引入反向电压而关断，所以若后续晶闸管不能导通，则已经导通的晶闸管就无法关断。

（3）为了克服该电路的失控，可以在阻感负载侧并联一个续流二极管 VD_R。

2.有续流二极管的情况

单相桥式半控整流电路阻感负载带续流二极管的电路及工作波形如图2-10所示。

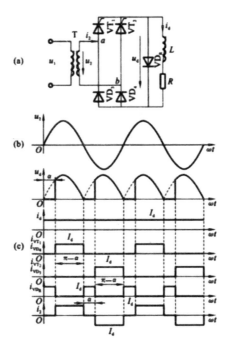

图 2-10 单相桥式半控整流电路阻感负载带续流二极管时的电路及工作波形

工作情况分析：①负载电路续流阶段，晶闸管不再导通，而是由续流二极管导通，这样续流阶段导电回路中只有一个管压降，有利于降低损耗；②在电源一个周期（0~2π）内，可分析出晶闸管和二极管的导通情况如下：

表 2-2 在电源一个周期（0~2π）内，晶闸管和二极管的导通情况

区间段	[a，π）	[π，π+a）	[x+a，2π）	[2π，2x+a）即 [0，a)
VT1、VD4	导通	关断	关断	关断
VDR	关断	导通	关断	导通
VT2、VD3	关断	关断	导通	关断

分析的各波形图如图 2-10（b）、（c）所示。

3. 单相桥式半控整流电路的另一种接法

单相桥式半控整流电路的另一种接法如图 2-11 所示。这样可以省去续流二极管 VDR，续流由 VD_3 和 VD_4，来实现。

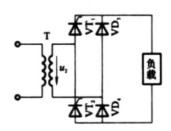

图 2-11 单相桥式半控整流电路的另一种接法

第二节 三相可控整流电路

单相可控整流电路简单，但其输出的直流电压脉动大，脉动频率低，主要用在容量较小的地方。当负载容量较大，要求直流电压脉动较小或要求快速控制时，都采用三相整流电路。

三相整流电路中最基本的是三相半波可控整流电路，应用最为广泛的是三相桥式全控整流电路、双反星形可控整流电路、十二脉波可控整流电路等，它们均可在三相半波基础上进行分析。本节主要介绍最基本的三相半波可控整流电路、三相桥式全控整流电路。

一、三相半波可控整流电路

（一）阻性负载工作情况

三相半波可控整流电路如图 2-12（a）所示。整流变压器二次侧接成星形（可以得到零线），一次侧一般接成三角形，可避免 3 次和 3 的倍数次谐波流入电网。三个晶闸管分别接入 a、b、c 三相电源，它们的阴极连接在一起，称为共阴极接法，这种接法触发电路有公共端，连接方便。

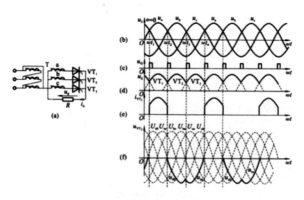

图 2-12 三相半波可控整流电路电阻负载，α=0° 时的波形

三相半波可控整流电路中共接入 3 个晶闸管，驱动电路触发脉冲给出规律是：与主电路电源同步，每一个晶闸管在一个电源周期内获得一次触发脉冲，触发角为 ，3 个晶闸管的触发脉冲相位依次间隔 120°。在单相可控整流电路中，触发脉冲 a=0° 位置定义为晶闸管最早承受正向电压的时刻，在三相半波可控整

流电路中，触发脉冲 $\alpha=0°$ 位置定义为自然换相点。自然换相点在哪里呢？

假设将图 2-12（a）中的晶闸管全换做二极管，并用 VD 表示。此时，三个二极管对应的相电压中哪一个的值最大，则该相所对应的二极管导通，如：在 $\omega t_1 \sim \omega t_2$ 期间，a 相电压最高，VD_1 导通，$u_d=u_a$；在 $\omega t_1 \sim \omega t_2$ 期间，b 相电压最高，VD_2 导通，$u_d=u_a$；在 $\omega t_3 \sim \omega t_4$，期间，c 相电压最高，$VD_3$ 导通，$u_d=u_c$。此后，在下一周期相当于 ωt_1 的位置即 ωt_4 时刻，VD_1 又导通，重复前一周期的工作情况。如此，一周期中 VD_1、VD_2、VD_3 轮流导通，每管各导通 1200。电压的交点 ωt_1、ωt_2、ωt_3 处，均出现了二极管换相，即电流由一个二极管向另一个二极管转移，称这些交点为自然换相点。

1. 工作情况分析

（1）若在自然换相点处（$\alpha=0°$）触发相应的晶闸管导通，则电路中的工作情况与以上分析的二极管整流工作情况一样，各相导电 120°，各波形如图 2-12（b）～（f）所示。其中，图 2-12（f）是 VT_1 两端的电压波形，由 3 段组成：第 1 段，VT_1 导通期间，可近似为 $u_{T_1}=0$；第 2 段，在 VT_1 关断后，VT_2 导通期间，$u_{VT_1}=u_a-u_b=u_{ab}$，为一段线电压；第 3 段，在 VT_3 导通期间，$u_{VT_1}=u_a-u_b=u_{ac}$ 为另一段线电压。

（2）增大 α 值，将脉冲后移，整流电路的工作情况相应地发生变化。图 2-13 是 $\alpha=30°$ 时的波形，从输出电压、电流的波形可看出，这时负载电流处于连续和断续的临界状态。

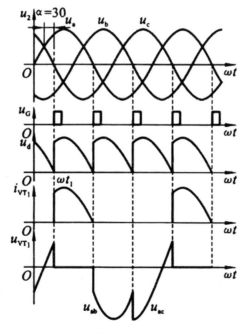

图 2-13 三相半波可控整流电路电阻负载，$\alpha=30°$ 时的波形

（3）如果 $\alpha > 30°$，例如 $\alpha = 60°$ 时，整流电压的波形如图 2-14 所示，当导通一相的相电压过零变负时，该相晶闸管关断。此时下一相晶闸管虽承受正电压，但它的触发脉冲还未到，不会导通，因此输出电压、电流均为零，直到触发脉冲出现为止。这种情况下，负载电流断续，各晶闸管导通角为 $90°$，小于 $120°$。

（4）若 α 角继续增大，整流电压将越来越小，$\alpha = 150°$ 时，整流输出电压为零。故电阻负载时 α 角的移相范围为 $0° \sim 150°$。

2.基本数量关系分析

（1）整流电压平均值的计算分以下两种情况。

① $\alpha < 30°$ 时，负载电流连续，有：

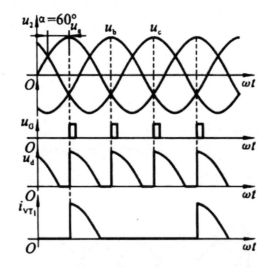

图 2-14 三相半波可控整流电路电阻负载，$\alpha = 60°$ 时的波形

$$U_d = \frac{1}{\frac{2\pi}{3}} \int_{\frac{\pi}{6}+\alpha}^{\frac{5\pi}{6}+\alpha} \sqrt{2}U_2 sind(\omega t) = \frac{3\sqrt{6}}{2\pi} U_2 \cos a = 1.1 U_2 \cos a$$

当 $\alpha = 0°$ 时，U_d 最大，为 $U_d = U_{d0} = 1.17 U_2$。

② $\alpha > 30°$ 时，负载电流断续，晶闸管导通角减小，此时有：

$$U_d = \frac{1}{\frac{2\pi}{3}} \int_{\frac{\pi}{6}+\alpha}^{\pi} \sqrt{2}U_2 sind(\omega t) = \frac{3\sqrt{6}}{2\pi} U_2 [1 + \cos(\frac{\pi}{6}+\alpha)] = 0.675[1 + \cos(\frac{\pi}{6}+\alpha)]$$

（2-29）

（2）负载电流平均值为：$I_d = \dfrac{U_d}{R}$

（3）晶闸管承受的最大反向电压为变压器二次线电压峰值，即：

$$U_{rm} = \sqrt{2} \times \sqrt{3}U_2 = \sqrt{6}U_2 = 2.45U_2$$

（二）阻感负载

1. 工作情况分析

假设 $\omega L \gg R$，分析图 2-16 所示电路：（1）整流电路 i_d 的波形基本是一条平直的直线，流过晶闸管的电流接近矩形波；（2）因为大电感的储能，延迟了晶闸管的关断，将会延迟到下一条支路的开通；（3）当 $\alpha < 30°$ 时，整流电压波形与电阻负载时相同，负载电流连续；（4）当 $\alpha > 30°$ 时，例如 a=60° 时的各波形如图 2-15 所示，当 u_2 过零时，由于电感的存在，阻止电流下降，因而 VT_1 继续导通，直到下一组晶闸管 VT_2 的触发脉冲到来，才发生换流，由 VT_2 导通，同时向 VT_1 施加反压使其关断；（5）若 α 增大，u_d 波形中正负面积相等，U_d 的平均值为零。可见阻感负载时的移相范围是 0°～90°。

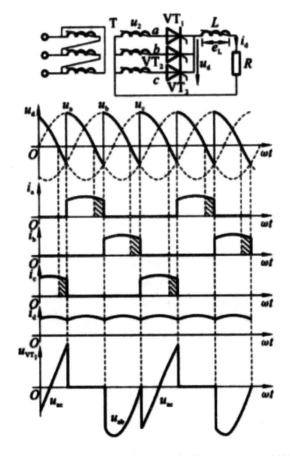

图 2-16 三相半波可控整流电路阻感负载，α =60° 时的波形

2. 基本数量关系分析

（1）由于负载电流连续，U_d 可由式（2-28）求出，即：

$$U_d = 1.17U_2 \cos a$$

（2-32）

（2）变压器二次电流即晶闸管电流的有效值为：

$$I_2 = I_{VT} = \frac{1}{\sqrt{3}} I_d = 0.577 I_d$$

（2-33）

（3）由此可求出晶闸管的额定电流为：

$$I_{VT(AV)} = \frac{I_{VT}}{1.57} = 0.368 I_d$$

（2-34）

（4）由于负载电流连续，晶闸管最大正反向电压峰值均为变压器二次线电压峰值，即：

$$U_{FM} = U_{RM} = 2.45U_2$$

（2-35）

注意：三相半波可控整流电路的主要缺点在于其变压器二次电流中含有直流分量，因此其应用较少。

二、三相桥式全控整流电路

在工业中应用最广泛的是三相桥式全控整流电路，它是由两个三相半波可控整流电路发展而来，其原理图如图 2-17 所示。VT_1、VT_3、VT_5 三个晶闸管的阴极连接在一起，称为共阴极组；VT_4、VT_6、VT_2 三个晶闸管的阳极连接在一起，称为共阳极组。

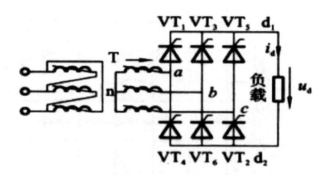

图 2-17 三相桥式全控整流电路原理图

该电路晶闸管较多，实际应用中希望晶闸管按从 1 至 6 的顺序导通，通过分析三相相电压波形与线电压波形特点（如图 2-18 所示），三相桥式全控整流电路在设计中注意了以下几点。

1. 共阴极组中与 a、b、c 三相电源相接的 3 个晶闸管分别编号为 VT_1、VT_3、VT_5，共阳极组中与 a、b、c 三相电源相接的 3 个晶闸管分别编

号为 VT_4、VT_6、VT_2；2.要形成负载供电回路，每个时刻均需2个晶闸管同时导通。其中1个晶闸管是共阴极组的，1个是共阳极组的，且不能为同一相的晶闸管；3.驱动电路触发脉冲给出规律为：6个晶闸管的脉冲按 $VT_1-VT_2-VT_3-VT_4-VT_5-VT_6$ 的触发顺序，且相位依次间隔60°；由该规律可看出：共阴极组 VT_1、VT_3、VT_5，的脉冲依次间隔120°，共阳极组 VT_4、VT_6、VT_2，的脉冲依次间隔120°；同一相的上下两个桥臂，即 VT_1 与 VT_4，VT_3，与 VT_6、VT_5 与 VT_2 脉冲相差180°；4 在整流电路合闸启动过程中或电流断续时，为确保电路的正常工作，需要形成负载供电回路的2个晶闸管均有触发脉冲。为此，驱动电路采用什么方法呢？一种方法是使脉冲宽度大于60°（一般取80°～100°），称为宽脉冲触发；另一种方法是在触发某个晶闸管的同时，给前一个序号晶闸管补发脉冲，即用两个窄脉冲代替宽脉冲，窄脉冲宽度一般为20°～30°，称为双脉冲触发。双脉冲电路较复杂，但要求的触发电路输出功率小。宽脉冲触发电路虽可少输出一半脉冲，但为了不使脉冲变压器饱和，需将铁芯体积做得较大，绕组匝数较多，导致漏感增大，脉冲前沿不够陡，对于晶闸管串联使用不利。虽可用去磁绕组改善这种情况，但这样又使触发电路复杂化，因此，常用的是双脉冲触发。

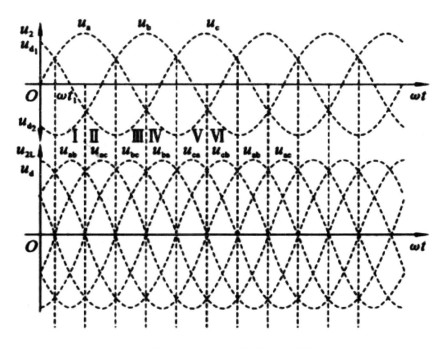

图 2-18 三相相电压与线电压波形图

（一）阻性负载工作情况

图 2-19 所示为三相桥式全控整流电路电阻负载，α =0°时的波形。共阴极组三个晶闸管触发角 α =0°的位置分别对应为相电压正半周交点，共阳极组三个晶闸管触发角 α =0°的位置分别对应为相电压负半周交点。

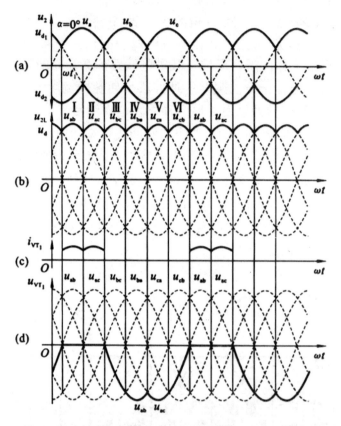

图 2-19 三相桥式全控整流电路电阻负载，a=00 时的波形

1. α =0°工作情况分析

（1）首先在相电压电源或线电压电源上同步找到 6 个晶闸管触发脉冲的位置。

（2）对于 α =0°的脉冲位置，实际上是相电压的自然换相点。因此，可以采用与分析三相半波可控整流电路时类似的方法，假设将电路中的晶闸管换作二极管时的情况，这样，对于共阴极组的 3 个晶闸管，阳极所接交流电压值最高的一个导通，而对于共阳极组的 3 个晶闸管，则是阴极所接交流电压值最低的一个导通。这样，可以用相电压包络线表示输出电压，如图 2-19（a）所示。

（3）驱动电路触发脉冲无论是宽脉冲还是双脉冲，任意时刻共阴极组和共阳极组中各有 1 个晶闸管处于导通状态；根据触发脉冲规律可将三相相电压或是三相线电压一个周期波形分为 6 段，每段宽度为 60°，每一段晶闸管的导通情况及整流输出电压如表 2-2 所示。

（4）负载上输出的电流波形形状跟电压波形形状相同；通过晶闸管的电流波形及晶闸管承受的电压波形如图 2-19 所示。

2. $\alpha = 30°$ 工作情况分析

（1）与分析 $\alpha = 0°$ 的情况类似，首先在相电压电源或线电压电源上同步找到 6 个晶闸管触发脉冲的位置。

（2）一周期中，u_d 波形仍由 6 段线电压构成，每一段导通晶闸管的编号仍符合表 2-1 的规律。区别在于，晶闸管起始导通时刻推迟了 30°，u_d 平均值降低。晶闸管电压波形也相应发生变化，如图 2-20 所示；

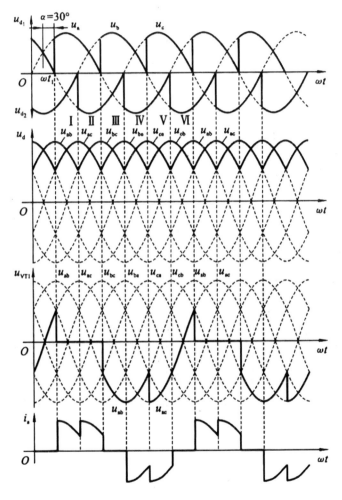

图 2-20 三相桥式全控整流电路电阻负载，$\alpha = 30°$ 时的波形

（3）变压器二次侧 a 相电流 i_a 的波形特点是：在 VT_1 处于通态的 120° 期间，

i_a 为正，i_a 波形的形状也与同时段的 u_d 波形相同。在 VT_4 处于通态的 $120°$ 期间，i_a 波形的形状也与同时段的 u_d 波形相同，但为负值。

3. $\alpha = 60°$ 工作情况分析

$\alpha = 60°$ 时电路工作情况仍可对照表 2-1 的分析。u_d 波形中每段线电压的波形继续向后移，u_d 平均值继续降低。$\alpha = 60°$ 时 u_d 出现了为零的点。故可见，当 $\alpha < 60°$ 时，u_d 波形均连续，对于电阻负载，波形与 u_d 波形的形状也是一样的，也连续，如图 2-21 所示。

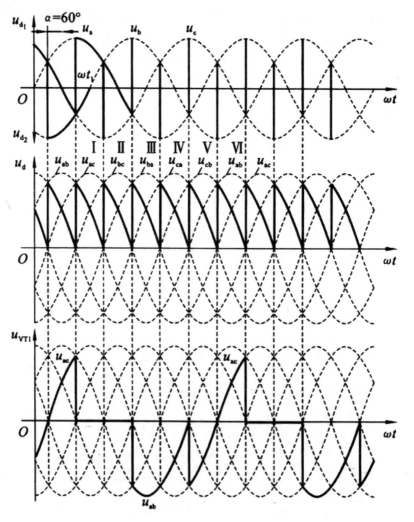

图 2-21 三相桥式全控整流电路电阻负载，$\alpha = 60°$ 的波形

4. $\alpha = 90°$ 工作情况分析

当 $\alpha > 60°$ 时，如 $\alpha = 90°$ 时电阻负载情况下的工作波形如图 2-22 所示，此时，u_d 波形每 $60°$ 中有 $30°$ 为零，这是因为电阻负载时 i_d 波形与 u_d 波形一致，

一旦 u_d 降至零，i_d 也降至零，流过晶闸管的电流即降至零，晶闸管关断，输出整流电压 u_d 为零，因此 u_d 波形不能出现负值，如图 2-22 中所示晶闸管电流和变压器二次电流波形。如果继续增大至 $120°$，整流输出电压 u_d 波形将全为零，其平均值也为零，可见带电阻负载时三相桥式全控整流电路 α 角的移相范围是 $0 \sim 120°$。

5. 基本数量关系分析

以线电压的过零点为时间坐标的零点，于是可得：

（1）当 $\alpha \leq 60°$ 时，整流电压平均值为：

$$U_d = \frac{1}{\frac{2\pi}{3}} \int_{\frac{\pi}{6}+\alpha}^{\frac{5\pi}{6}+\alpha} \sqrt{2}U_2 sind(\omega t) = 2.34\ U_2 \cos a$$

$$（2-36）$$

（2）当 $\alpha > 60°$ 时，整流电压平均值为：

$$U_d = \frac{1}{\frac{2\pi}{3}} \int_{\frac{\pi}{6}+\alpha}^{\frac{5\pi}{6}+\alpha} \sqrt{2}U_2 sind(\omega t) = 2.34U_2[1+\cos(\frac{\pi}{3}+a)]$$

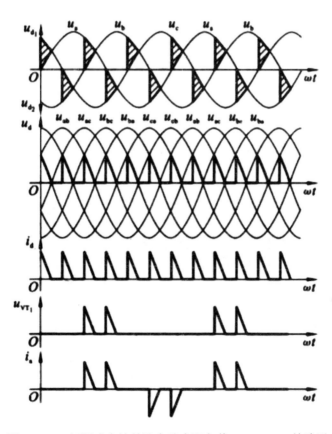

图 2-22 三相桥式全控整流电路电阻负载，$\alpha = 90°$ 的波形

（3）输出电流平均值为：

$$I_d = \frac{U_d}{R}$$

（4）其他类推。

（二）阻感负载工作情况

1.工作情况分析

三相桥式全控整流电路大多用于向阻感负载和反电动势阻感负载供电（即用于直流电机传动）。若为带反电动势阻感负载，其工作情况可在阻感负载的基础上分析掌握。

带阻感负载时的工作情况：α 角的移相范围是 0°～90°，当 α =0°～60°时，u_d 波形和带电阻负载是十分相似的，各晶闸管的通断情况、输出整流电压 u_d 波形，晶闸管承受的电压波形等都一样。区别在于负载不同时，同样的整流输出电压加到负载上，得到的负载电流 i 波形不同，电阻负载时 i_d。波形与 u_d 波形形状一样。而阻感负载时，由于电感的作用，使得负载电流波形变得平直，当电感足够大时，负载电流的波形可近似为一条水平线。图 2-23、图 2-24 和图 2-25 分别给出了三相桥式全控整流电路带阻感负载 α =0°、α =30° 和 α =90° 时的波形。

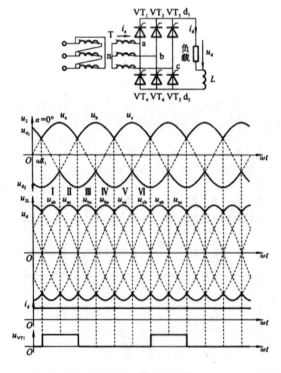

图 2-23 三相桥式全控整流电路阻感负载，α =00 时的波形

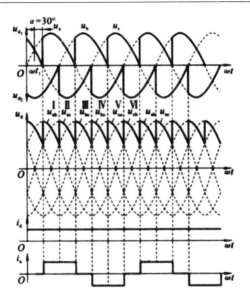

图 2-24 三相桥式全控整流电路阻感负载，α =30° 时的波形

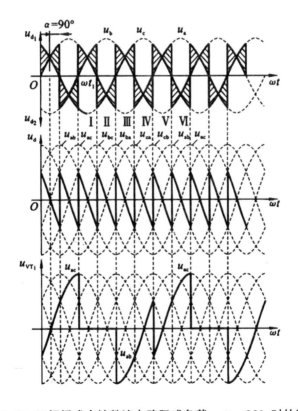

图 2-25 三相桥式全控整流电路阻感负载，α =90° 时的波形

当 α >60°时，由于电感的作用，u_d 波形会出现负的部分（如图 2-25 所示 α =90°时的波形）。若电感 L 值足够大，所储能量能维持晶闸管导通到下一条

支路的开通，则 u_d 中正负面积将基本相等，u_d 平均值近似为零。这表明，带阻感负载时，三相桥式全控整流电路的 α 角移相范围为 90°。

基本数量关系参照前面分析均可得出，此处不再讲述。

2. 注意事项

三相桥式全控整流电路接反电动势负载时，在负载电感足够大足以使负载电流连续的情况下，电路工作情况与电感性负载时相似，电路中各处电压、电流波形均相同，仅在计算 I_d 时有所不同，接反电动势阻感负载时的 I_d 为：

$$I_d = \frac{Ud - E}{R}$$

第三节 变压器漏感对整流电路的影响

前面对整流电路的分析和计算中，均未考虑包括变压器漏感在内的交流侧电感对电路的影响，即认为晶闸管换相是在瞬间完成的。但实际上变压器绕组总存在一定的漏感，用一个等效的集中电感 L_B 表示。这样，由于 L_B 的存在，它对电流的变化起阻碍作用，因此使换相过程不能瞬间完成，即晶闸管在换相过程中会出现两条支路同时导通的情况，这必然会影响整流输出电压。下面讨论考虑变压器漏感的存在对整流电路的影响。

考虑变压器漏感情况，以三相半波可控整流电路带电感负载为例进行分析（如图 2-26 所示），要求掌握换相过程、换相重叠角 γ 概念、换相重叠角 γ 及换相压降的计算等知识。

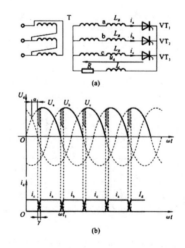

图 2-26 考虑变压器漏感时的三相半波可控整流电路及波形

（一）换相重叠角定义

在交流电源的一周期内，该电路中有 3 次晶闸管换相的过程，而各次换相情况一样，下面具体分析从 VT_1 换相至 VT_2 的过程：

1. 在 ωt_1 时刻之前 VT_1 导通，ωt_1 时刻触发 VT_2，则 VT_2 导通，此时因 a、b 两相都有漏感，故 i_a、i_b 都不能突变，于是 VT_1、VT_2 同时导通，相当于将 a、b 两相短路，因此在 a、b 两相组成的回路中会产生一假想的环流 i_k，如图 2-26 所示。

2. 换相过程中，由于回路中漏感的存在，i_a 从 I_d 逐渐减小，i_b 从 0 逐渐增大，当 $i_a = 0$、$i_b = I_d$ 时，VT_1 完全关断，VT_2 完全导通，换相（也称换流）结束。

3. 将换相过程持续的时间用电角度 γ 表示，定义为换相重叠角。

（二）换相重叠角 γ 随其他参数变化规律

由上述分析不难定性分析出换相重叠角 γ 随其他参数变化的规律为：

1. I_d 越大，则 γ 越大。

2. L_B 越大，则 γ 越小；

3. 当 $\alpha \leqslant 90°$ 时，α 越小，γ 越大；

（三）换相重叠期间整流输出电压 u_d 的波形

在上述换相的过程中，整流输出电压瞬时值 u_d 为：

$$u_d = u_a + L_B \frac{d_k}{d_t} = u_b - B \frac{d_k}{d_t}$$

（2-39）

由式（2-39）可计算出：

$$L_B \frac{d_k}{d_t} = \frac{u_b - u_a}{2}$$

（2-40）

再回代入式（2-39）可得：

$$u_b = \frac{u_b - u_a}{2}$$

（2-41）

由此可见，换相过程中，整流电压 u_d 为同时导通的两个晶闸管对应的两个相电压的平均值，由此可得 u_d。波形如图 2-26 所示。与不考虑变压器漏感时相对比，每次换相 u_d 的波形均少了阴影标出的一块，导致 U_d 平均值降低，降低的多少用 ΔU_d 表示，ΔU_d 称为换相压降。

（四）换相压降 ΔU_{d}。的计算

换相压降 ΔU_{d}。的计算公式如下：

$$\Delta U_{d}=\frac{1}{\dfrac{2\pi}{3}}\int_{\alpha}^{\alpha+\gamma}(U_{b}-\mathrm{U_{d}})d(\omega t)=\frac{3}{2\pi}\int_{\alpha}^{\alpha+\gamma}[U_{b}-(U_{b}-L_{B}\frac{d_{k}}{d_{t}})]d(\omega t)$$

$$=\frac{3}{2\pi}\int_{\alpha}^{\alpha+\gamma}L_{B}\frac{d_{k}}{d}d(\omega t)=\frac{3}{2\pi}\int_{\alpha}^{\mathit{H}}W_{B}\ dik=\frac{3}{2\pi}X_{B}I_{d}$$

（2-42）

式中，X_{B} 是漏感为 L_{B} 的变压器每相折算到二次侧的漏电抗，$X_{B}=\omega L_{B}$。

（五）换相重叠角 γ 的计算

换相重叠角 y 的计算公式如下（数学推导过程省略）：

$$\cos a-\cos(a+\gamma)=\frac{2X_{B}I_{d}}{\sqrt{6}U_{2}}$$

（2-43）

对于其他整流电路，可用同样的方法进行分析。注：单相桥整流电路 $m=4$；三相桥整流电路，电压取 $\sqrt{3}u_{2}$，$m=6$。

（六）对整流电路的其他影响

再进一步分析可得出以下变压器漏感对整流电路影响的一些结论：

1. 出现换相重叠角 γ，整流输出电压平均值 U_{d} 降低；

2. 整流电路的工作状态增多，例如三相桥的工作状态由 6 种增加至 12 种：

$(VT_{1}、VT_{2})(VT_{1}、VT_{1}、VT_{2})(VT_{2}、VT_{3})(VT_{2}、VT_{3}、VT_{4})(VT_{3}、VT_{4})(VT_{3}、VT_{4}、VT_{5})(VT_{4}、VT_{5})$
$(VT_{4}、VT_{5}、VT_{6})(VT_{5}、VT_{6})(VT_{5}、VT_{6}、VT_{1})(VT_{6}、VT_{1})(VT_{6}、VT_{1}、VT_{2})$；

3. 晶闸管的 $\dfrac{d_{i}}{d_{t}}$ 减小，有利于晶闸管的安全开通，有时人为串入进线电抗器以抑制晶闸管的 $\dfrac{d_{i}}{d_{t}}$；

对于其他整流电路，可用同样的方法进行分析。表 2-3 中所列 m 脉波整流电路的公式为通用公式，适于各种整流电路。

4. 换相时晶闸管电压出现缺口，产生正的 $\dfrac{d_{u}}{d_{t}}$，可能使晶闸管误导通，为此必须加吸收电路；

5. 换相使电网电压出现缺口，成为干扰源。

第四节 大功率可控整流电路

大功率可控整流电路包括带平衡电抗器的双反星形可控整流电路和多重化整流电路。

前者适用于低电压、大电流的场合（如电解电镀等工业应用中，经常需要几十伏低电压，几千甚至几万安大电流的可调直流电源）；后者在采用相同器件时可得到更大的功率，可减少交流侧输入电流的谐波或提高功率因数，从而减少对供电电网的干扰。

一、带平衡电抗器的双反星形可控整流电路

带平衡电抗器的双反星形可控整流电路由两组共阴极三相半波可控整流电路，通过平衡电抗器 L_p 并联组合而成，如图 2-27 所示。电源变压器初级接成三角形，两组次级绕组都接成三相星形，并且极性相反，故称为双反星形。

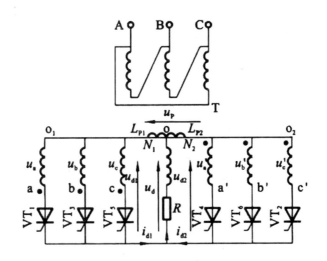

图 2-27 双反星形可控整流电路

其电路结构的特点如下：变压器 T 二次侧为两组匝数相同极性相反的绕组，分别接成三相半波整流电路。当两组三相半波整流电路的触发延迟角 $\alpha =0$ 时，两组整流电压、电流的波形如图 2-28 所示。图 2-28 中，两组的相电压互差 $180°$，因而相电流互差 $180°$。其幅值相等，都是 $\frac{I_d}{2}$。以 α 相而言，相电流 i_a 与 i_a' 出现的时刻虽不同，但它们的平均值都是。因为平均电流相等而绕组的极

性相反，所以直流安匝互相抵消。因此本电路是利用绕组的极性相反来消除直流磁动势的。

从以上分析可以看出，由于接入了平衡电抗器，使其在任何时刻两组三相半波电路各有一个器件同时导通，共同负担负载电流，使流过每一器件和变压器二次侧每相绕组的电流为负载电流的一半，同时每个器件的导电时间则由 60° 增加至 120°。这样，在输出同样直流电 I_d 的条件下，可使晶闸管额定电流及变压器二次电流减小，利用率提高。

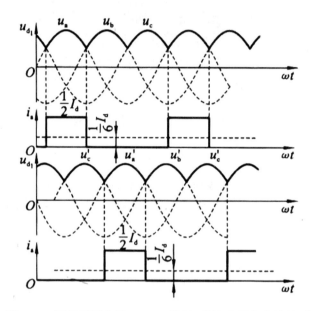

图 2-28 双反星形电路 α =0 时两组整流电压和电流波形

在图 2-27 所示的双反星形电路中，如不接平衡电抗器，即成为六相半波整流电路，在任一瞬间只能有一个晶闸管导电，其余五个晶闸管均承受反压而阻断，每个管子最大的导通角为 600，每个管子的平均电流为 I_d /6。

当 α =0 时，六相半波整流电路的 U_d 为 1.35 U_2，比三相半波时的 1.17 U_2 略大些，其波形如图 2-29（a）中的包络线所示。由于六相半波整流电路的晶闸管导电时间短，变压器利用率低，故极少采用。可见，双反星形电路与六相半波电路的区别在于有无平衡电抗器，对平衡电抗器作用的理解是掌握双反星形电路原理的关键。

双反星形电路是两组三相半波电路的并联，所以整流电压平均值与三相半波整流电路的整流电压平均值相等，在不同触发延迟角 α 时，U_d =1.17 $U_2 \cos a$。在以上分析的基础上，将双反星形电路与三相桥式电路进行比较可以得出以下一些结论。

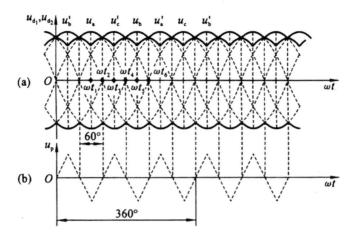

图2-29 平衡电抗器作用下输出的电压波形和平衡电抗器上电压的波形

（1）三相桥式电路是两组三相半波电路串联，而双反星形电路是两组三相半波电路并联，且后者需用平衡电抗器，其直流电压波形与六相半波整流时的波形一样，所以直流电压的脉动情况比三相半波时小得多。

（2）与三相半波整流电路相比，由于任何时刻总同时有两组导通，变压器磁路平衡，不存在直流磁化问题。

（3）当变压器二次电压有效值 U_2 相等时，双反星形电路的整流电压平均值 U_d 是三相桥式电路的 1/2，而整流电流平均值 I_d 是三相桥式电路的 2 倍，每一个整流器件负担负载电流的一半，导电时间比三相半波时增加一倍，所以提高了整流器件的利用率。

（4）在两种电路中，晶闸管的导通及触发脉冲的分配关系是一样的，整流电压 U_d 和整流电流 i_d 的波形形状一样。

二、多重化整流电路

当整流装置的功率增大，如达到数兆瓦时，它对电网的干扰就会很严重。为了减轻整流装置高次谐波对电网的影响，同时为了提高直流成分的纯净度，可采用多重化整流电路。图 2-30 所示电路是将两个三相全控桥式整流电路并联多重连接构成的 12 脉波整流电路。电路中利用一个三相三绕组变压器，变压器一次绕组星形连接，二次绕组中的 a1、b2、c3 星形连接，其每相匝数为 N2；a2、b2、c2：三角形连接，其每相匝数为 $\sqrt{3}N_2$。这样，变压器两个二次绕组的线电压数值相等。

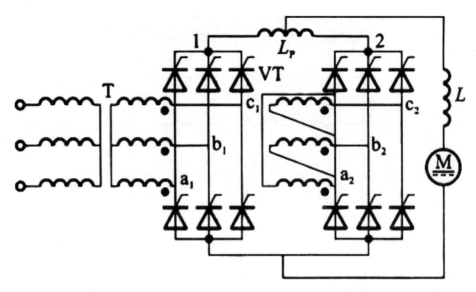

图 2-30 由两组三相桥式整流电路并联而成的 12 脉波整流电路

图 2-31 所示为 12 脉波整流电路输出电压波形。与带平衡电抗器的双反星形可控整流电路的分析方法相似，可得出 12 脉波整流电路的输出电压平均值与一组三相桥的整流电压平均值相等。这种将两组整流桥的输出电压经平衡电抗器并联输出的方式称为并联多重结构，它适合于大电流应用。也可将两组整流桥的输出电压串联起来向负载供电，这种方式称为串联多重结构，它适合于高电压应用。

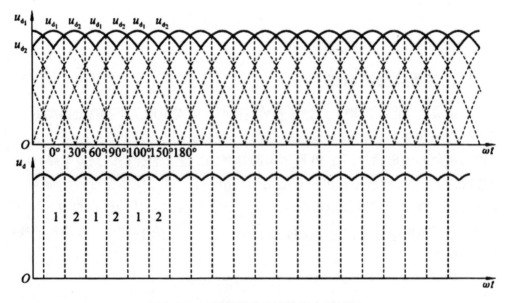

图 2-31 12 脉波整流电路输出电压波形

第五节 电容滤波的不可控整流电路

近年来，在交——直——交变频器、不间断电源、开关电源等应用场合中，大都采用不可控整流电路经电容滤波后提供直流电源，供后级的逆变器、斩波器等使用。只要将 2.1~2.3 节全控整流电路中晶闸管换为整流二极管，就是不可控整流电路。其中，目前最常用的是单相桥式和三相桥式两种电路。由于电路中的电力电子器件采用整流二极管，故也称这类电路为二极管整流电路。

一、电容滤波的单相不可控整流电路

电容滤波的单相不可控整流电路常用于小功率单相交流输入的场合。目前大量普及的微机、电视机等家电产品所采用的开关电源中，其整流部分就是如图 2-32 所示的单相桥式不可控整流电路。

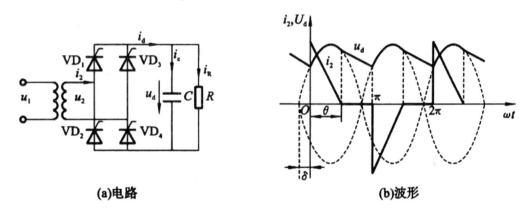

(a)电路　　　　　　　　　(b)波形

图 2-32 电容滤波的单相桥式不可控整流电路及其工作原理

（一）工作原理及波形分析

图 2-32（a）所示为其工作原理电路图，图 2-32（b）所示为其电路工作波形。假设该电路已工作于稳态，同时因为实际中作为负载的后级电路稳态时消耗的直流平均电流是一定的，所以分析中以电阻作为负载。

该电路的工作过程如下：当 $u_2 < u_d$ 时，四个二极管均不导通，此阶段电容 C 向 R 放电，提供负载所需电流，同时 u_d 下降；至 $\omega t = 0$ 后，$u_2 > u_d$，使得 VD_1 和 VD_4，开通，$u_2 = u_d$，交流电源向电容充电，同时向负载 R 供电。设

VD_1和VD_4，导通的时刻与u_2过零点相距角，则

$$u_2 = \sqrt{2}U2\sin(\omega t + \delta)$$

(2-44)

在VD_1和VD_4导通期间，以下方程成立：

$$u_d(0) = \sqrt{2}U_2\sin\delta$$

(2-45)

$$u_d(0) + \frac{1}{C}\int_0^t i_c d = u_2$$

(2-46)

式中，$u_d(0)$为VD_1、VD_2，开始导通时刻直流侧电压值。将u_2代入并求解得：

$$i_c = \sqrt{2}wCU_2\cos(\omega t + \delta)$$

(2-47)

而负载电流为：

$$i_R = \frac{u_2}{R} = \frac{\sqrt{2}U_2}{R}\sin(\omega t + \delta)$$

(2-48)

于是整流桥输出电流为：

$$i_d = i_c + i_R = \sqrt{2}wCU_2\cos(\omega t + \delta) + \frac{\sqrt{2}U_2}{R}\sin(\omega t + \delta)$$

(2-49)

设VD_1和VD_4的导通角为θ，则当 at=0 时，VD_1和VD_4关断。将$i_d(\theta) = 0$代入式（2-49）得：

$$\tan(\theta + \delta) = -\omega RC$$

(2-50)

电容被充电到$\omega T = \theta$时，$ud = u_2 = \sqrt{2}U_2\sin(\theta + \delta)$，$VD_1$和$VD_4$关断。此后，电容开始以时间常数 RC 按指数函数放电。当$\omega t = \pi$，即放电经过$\pi - \theta$角时，u_d降至开始充电时的初值$\sqrt{2}U2\sin\delta$，另一对二极管VD_2和VD_1导通，此后u_2又向 C 充电，与u_2正半周的情况一样。

由于二极管导通后u_2开始向 C 充电时的u_α与二极管关断后 C 放电结束时的 ua 相等。故下式成立：

$$\sqrt{2}U_2\sin(\theta + \delta)e^{-\frac{\kappa - \theta}{\omega RC}} = \sqrt{2}U_2\sin\delta$$

注意到$\delta + \theta$是第二象限的角，由式（2-50）和式（2-51）得：

$$\pi - \theta = \delta + \arctan(\omega RC)$$

$$\frac{\omega RC}{\sqrt{(\omega RC)^2 + 1}}e^{-\frac{\arctan(-RC)}{\omega CC}}e^{-\frac{\delta}{WCC}} = \sin\delta$$

在 ωRC 已知时，即可由式（2-53）求出，进而由式（2-52）求出 θ。显然 δ 和 θ 仅由乘积 ωRC 决定，图 2-33 给出了根据以上两式求得的 δ 和 θ 随 ωRC 变化的曲线。

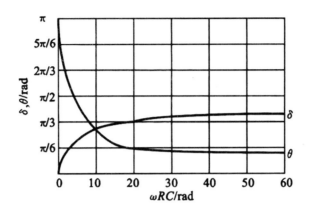

图 2-33 θ、δ 随 ωRC 变化的曲线

二极管 VD_1 和 VD_4 关断的时刻，即 ωt 达到 θ 的时刻，还可用另一种方法确定。即：在 u_2 到达顶峰之前，VD_1 和 VD_4 不会关断；在 u_2 过了顶峰之后，u_2 和电容电压 u_e 都开始下降，VD_1 和 VD_4 关断的时刻，从物理意义上讲，就是两个电压下降速度相等的时刻。一个是电源电压下降速度 $\left| \mathrm{d}u_2 / \mathrm{d}(\omega t) \right|_\mathrm{D}$ 另一个是假设二极管 VD_1 和 VD_4 关断而电容开始单独向电阻放电时电压下降速度 $\left| \mathrm{d}u_\mathrm{d} / \mathrm{d}(\omega t) \right|$，（下标表示假设）。前者等于该时刻 u_2 导数的绝对值，而后者等于该时刻 u_d 与 ωRC 的比值，据此即可确定 θ。

（二）主要的数量关系

1.输出电压平均值

空载时，$R = \infty$，放电时间常数为无穷大，输出电压最大，$U_\mathrm{d} = \sqrt{2}U_2$。整流电压平均值 U_d 可根据前述波形及有关计算公式推导出来，但推导烦琐，故此处直接给出 U_d 与输出到负载的电流平均值 I_R 之间的关系，如图 2-34 所示。空载时 $U_\mathrm{d} = \sqrt{2}U_2$；重载时，$R$ 很小，电容放电很快，几乎失去储能作用。随着负载加重，U_d 逐渐趋近于 $0.9U_2$，即趋近于电阻负载时的特性。

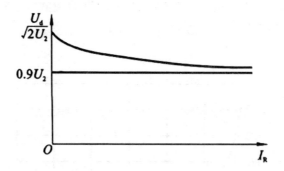

图 2-34 电容滤波的单相不可控整流电路输出电压与输出电流的关系

应用设计时，通常根据负载的情况选择电容 C 值，使 $RC \geqslant \dfrac{3 \sim 5}{2} T, T$ 为交流电源的周期，此时输出电压为：

$$U_{\mathrm{d}} \approx 1.2 U_2$$

2. 电流平均值

输出电流平均值 I_{R} 为

$$I_{\mathrm{R}} = \frac{U_{\mathrm{d}}}{R}$$

在稳态时，电容 C 在一个电源周期内吸收的能量和释放的能量相等，其电压平均值保持不变。相应的，流经电容的电流在一个周期内的平均值为零，又由 $i_{\mathrm{d}} = i_{\mathrm{c}} + i_{\mathrm{R}}$ 得出：

$$I_{\mathrm{d}} = I_{\mathrm{R}}$$

在一个电源周期中，i_{d} 有两个波头，分别轮流流过 VD_1、VD_4 和 VD_2、VD_3。反过来说，流过某个二极管的电流 i_{vd} 只是两个波头中的一个，故其平均值为：

$$I_{\mathrm{dVD}} = \frac{I_{\mathrm{d}}}{2} = \frac{I_{\mathrm{R}}}{2}$$

3. 二极管承受电压

二极管承受的反向电压最大值为变压器二次电压最大值，即 $\sqrt{2} U_2$。

实际应用中为了抑制电流冲击，常在直流侧串入较小的电感，成为电容滤波的电路，如图 2-35（a）所示，此时输出电压和输入电流的波形如图 2-35（b）所示，由波形可见，U_{d} 波形更平直，而电流 i_2 的上升段平缓了许多，这对于电路的工作是有利的。当 L 与 C 的取值变化时，电路的工作情况有很大的不同，这里不再详细介绍。

二、电容滤波的三相不可控整流电路

在电容滤波的三相不可控整流电路中，最常用的是三相桥式结构。图 2-36

给出了电路及理想的工作波形。

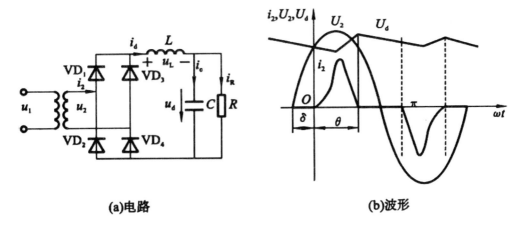

(a)电路　　　　　**(b)波形**

图 2-35　电容滤波的单相桥式不可控整流电路及其工作波形

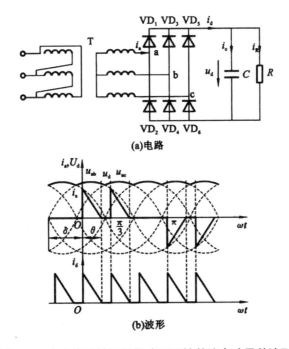

(a)电路

(b)波形

图 2-36　电容滤波的三相桥式不可控整流电路及其波形

（一）基本原理

在图 2-36（a）所示电路中，当滤波电容 C 为零时，此电路与前面分析过的三相桥式全控整流电路 $\alpha = 0°$ 的情况相同，输出电压为线电压包络线。电路中接入滤波电容 C 后，当电源线电压 $u_{2L} > u_d$ 且某一对二极管导通时，输出直流电压等于交流侧线电压中最大的一个，线电压既向电容供电，也向负载供电。当

电源线电压 $u_{2L} < u_d$ 且没有二极管导通时，由电容向负载放电，u_d 按指数规律下降。

设二极管在距线电压过零点 δ 角处开始导通，并以二极管 VD_6 和 VD_1 开始同时导通的时刻为时间零点，则线电压为：

$$u_{ab} = \sqrt{2} U_2 \sin(\omega t + \delta)$$

相电压为：

$$u_n = \sqrt{2} U_2 \sin\left(\omega t + \delta - \frac{\pi}{6}\right)$$

在 $t = 0$ 时，二极管 VD_6 和 VD_1 开始同时导通，直流侧电压等于 u_{nb}；下一次同时导通的一对管子是 VD_1 和 VD_2，直流侧电压等于 u_{ac}。这两段导通过程之间的交替有两种情况：一种情况是在 VD_1 和 VD_2 同时导通之前 VD_6 和 VD_1 是关断的，交流侧向直流侧的充电电流 i_d 是断续的，如图 2-36 所示；另一种情况 VD_1 是一直导通，交替时由 VD_6 导通换相至 VD_2 导通，i_d 是连续的。介于两者之间的临界情况是：VD_6 和 VD_1 同时导通的阶段与 VD_1 和 VD_2 同时导通的阶段在 $\omega t + \delta = 2\pi/3$ 处恰好衔接起来，id 恰好连续。由前面所诉"电压下降速度相等"的原则，可以确定临界条件。假设在 $\omega t + \delta = 2\pi/3$ 的时刻"速度相等"恰好发生。则有

$$\left| \frac{d\left[\sqrt{6} U_2 \sin(\omega t + \delta)\right]}{d(\omega t)} \right|_{\alpha + \delta = \frac{2\pi}{3}} = \left| \frac{d\left\{\sqrt{6} U_2 \sin\dfrac{2\pi}{3} e^{\frac{1}{\alpha C}\left[\alpha - \left(\frac{2\pi}{3} - \delta\right)\right]}\right\}}{d(\omega t)} \right|_{\alpha + \delta - \frac{2\pi}{3}}$$

$$(2-58)$$

可得 $\omega RC = \sqrt{3}$ 就是临界条件。$\omega RC > \sqrt{3}$ 和 $\omega RC < \sqrt{3}$ 分别是电流 i_d 断续和连续的条件。图 2-37（a）、（b）分别给出了 ωRC 等于和小于 $\sqrt{3}$ 时的电流波形。对于一个确定的装置来讲，通常只有 R 是可变的，它的大小反映了负载的轻重。因此可以说，在轻载时直流侧获得的充电电流是断续的，重载时是连续的，分界点就是 $R = \dfrac{\sqrt{3}}{\omega C}$。

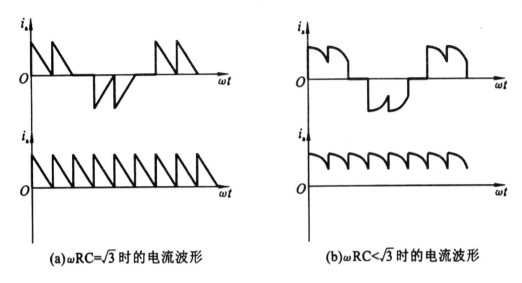

(a)ωRC=√3 时的电流波形   (b)ωRC<√3 时的电流波形

图 2-37 电容被波的三相桥式整流电路当 $\omega RC \leq \sqrt{3}$ 时的电流波形

$\omega RC > \sqrt{3}$ 时，交流侧电流和电压波形如图 2-36 所示，其中 δ 和 θ 的求取可仿照单相电路的方法。δ 和 θ 确定之后，即可推导出交流侧线电流 i_n 的表达式，在此基础上可以对交流侧电流进行谐波分析。

以上分析的是理想状况，末考虑实际电路中存在的交流侧电感以及为抑制冲击电流而串联的电感。当考虑上述电感时，电路的工作情况发生变化，其电路和交流侧电流波形如图 2-38 所示，其中 2-38（a）为电路原理图，图 2-38（b）、（c）分别为轻载和重载时的交流侧电流波形。将电流波形与不考虑电感时的波形比较可知，有电感时，电流波形的前沿平缓了许多，有利于电路的正常工作。随着负载的加重，电流波形与电阻负载时的交流侧电流波形逐渐接近。

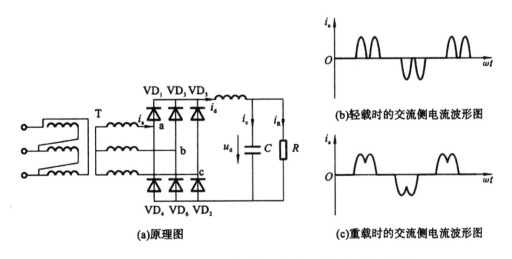

(a)原理图   (b)轻载时的交流侧电流波形图

(c)重载时的交流侧电流波形图

图 2-38 考虑电感时电容滤波的三相桥式整流电路及其波形

（二）主要数量关系

1.输出电压平均值

空载时，输出电压平均值最大，为 $U_d = \sqrt{6}U_2 = 2.45U_2$。随着负载加重，输出电压平均值减小，至 $\omega RC = \sqrt{3}$ 进入 i_d 连续情况后，输出电压波形成为线电压的包络线，其平均值为 $U_d = 2.34U_2$。可见，U_d 在 $2.34U_2 \sim 2.45U_2$ 之间变化。

与电容滤波的单相桥式不可控整流电路相比，U_d 的变化范围小很多，当负载加重到一定的程度后，U_d 就稳定在 $2.34U_2$ 不变了。

2.电流平均值

输出电流平均值 I_R 为：

$$I_R = \frac{U_d}{R}$$

与单相电路一样，电容电流 i_c 平均值为零，因此

$$I_d = I_R$$

在一个电源周期中，i_d 有六个波头，流过每一个二极管的是其中的两个波头，因此二极管的电流平均值为 I_d 的，即

$$I_{dVD} = \frac{I_d}{3} = \frac{I_R}{3}$$

3.二极管承受的电压

二极管承受的最大反向电压为线电压的峰值，即 $\sqrt{6}U_2$。

第六节 整流电路的有源逆变工作状态

一、有源逆变的概念

与整流行为相反，变流电路把直流电变成交流电的行为称为逆变。

变流电路工作在逆变状态时，如果逆变的交流接到交流电网上，这种逆变称为有泮逆变；如果逆变的交流侧不与交流电网相接，而是把直流电变为某一频率的交流电给负载，这种逆变称为无源逆变。

本节主要讨论有潒逆变。

整流和有源逆变的根本区别在于能量的传递方向不同，那么，整流电路的有源逆变工作状态是如何控制的呢？下面用图 2-39 所示电路来说明电源间能量的流转关系。

二、有源逆变产生的条件

（一）电源间能量的流转关系

图 2-39 所示是直流发电机－电动机之间电能的流转，其中 M 是直流电动机，G 是发电机，动磁回路末画出。控制发电机 G 的电动势大小和极性可实现直流电动机 M 的四象限的运行，即可实现 M 与 G 之间能量的流转。

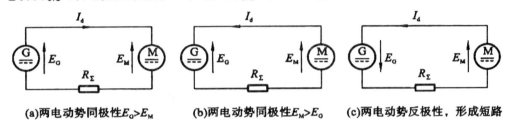

(a)两电动势同极性$E_G>E_M$ (b)两电动势同极性$E_M>E_G$ (c)两电动势反极性，形成短路

图 2-39 直流发电机－电动机之间电能的流转

1. 如图 2-39（a）所示，M 作电动运行，电流 I_d 从 G 流向，因此，G 的电功率（即发出功率），M 的电功率为（即吸收功率），故电能流转方向是从 G 流向，实现电能转变为机械能并从电动机的轴上输出。

2. 如图 2-39（b）所示，M 作发电机运行，，电流 I_d 从 M 流向 G，因此，G 的电功率（即吸收功率），M 的电功率（即发出功率），故电能流转方向是从 M 流向，实现机械能转变为电能反送至发电机。

3. 如图 2-39（c）所示：改变电动机励磁电流方向使发电机的电动势 E_G 与电动机的电动势 E_M 顺向串联向 R_Σ 供电，G 和 M 同时输出电功率。由于 R_Σ 的阻值一般都很小，所以会形成短路，产生很大的短路电流，这种情况是不允许的。

（二）整流电路有源逆变产生的条件

以图 2-40 所示单相全波整流电路的有源逆变为例进行具体分析，要实现直流侧能量向交流倒逆转，则需要满足电功率（即发出功率），电功率（即吸收功率）。那么，怎么样才能实现呢？

1. 分析

（1）电力电子器件的特性告诉我们，电路中的晶闸管是单向导电性器件，所以，该电路无论是处于整流状态还是逆变状态，电流的方向都不会改变，即 i_4 方向始终如图 2-40 中所标注方向。

（2）若要使其工作在逆变状态，则整流电路中的直流侧必须要有直流电源或是具有反电动势性质的负载，且必须有（即发出功率），因电流方向已定，故直流电源的极性必须如图 2-40 所示（下"+"上"−"）。

（3）必须有（即吸收功率），因此必须有（即控制角 $\alpha > \pi / 2$）。

（4）要实现能量真正从直流侧流向交流侧，电势大小还需满足 $|E_M| > |U_d|$。

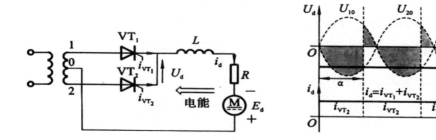

图 2-40 单相全波整流电路的有源逆变

2. 总结

整流电路有源逆变产生的条件有以下两个。

（1）要有直流电动势，其极性需和晶闸管的导通方向一致。

（2）要求晶闸管的控制角，使 U_4 极性为负，且保持 $|E_M| > |U_d|$。

上述两个条件必须同时满足，整流电路才能工作在逆变状态。

需要注意的是，所有半控桥式电路或带续流二极管的电路，因电路不能输出负电压，所以均不能实现有源逆变。

三、逆变角 β 及逆变电路的计算

整流电路工作在逆变状态时，晶闸管的控制角，为方便计算，通常把 $\alpha > \pi / 2$ 时的控制角用 $\pi - \alpha = \beta$ 表示。β 被称为逆变角。控制角 α 是以自然换相点作为计量起始点的，由此向右方计量，而逆变角 β 与控制角 α 的计量方向相反，其大小自 $\beta = 0$ 的起始点向左方计量，两者的关系是 $\alpha + \beta = \pi$。

常用的昭阎管有源逆变电路有三相半波有源逆变电路和三相桥式全控有源逆变电路。下面以三相半波可控整流电路有源逆变状态为例（如图 2-41 所示），对比整流状态的有关计算公式如下：

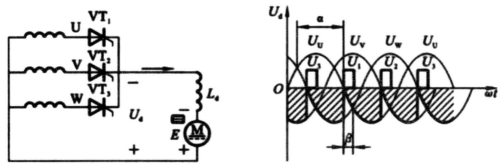

图 2-41 三相半波可控整流电路有源逆变

（一）输出电压平均值：

（二）输出电流平均值：

$$I_d = \frac{|E_M| - |U_d|}{R}$$

（三）流过晶闸管电流的平均值：

$$I_{dVT} = \frac{1}{3} I_d$$

（四）流过变压器二次侧绕组电流及晶闸管电流的有效值

$$I_{VT} = \frac{I_d}{\sqrt{3}} = 0.577 I_d$$

四、逆变失败与最小逆变角的确定

逆变失败（逆变颠覆）是指逆变时，一旦换相失败，外接直流电源就会通过晶闸管电路短路，或使电路输出的平均电压与直流电源变成顺向串联，形成很大的短路电流。

（一）逆变失败的原因

1.触发电路工作不可靠，不能适时、准确地给各晶闸管分配触发脉冲，如脉冲丢失或延迟以及触发功率不够等，这些均可导致不能正常换相。

2.晶闸管出现故障，该断时不断，该通时不通，如果晶闸管额定电压选择裕量不足，或者晶闸管存在质量问题都会使晶闸管在阻断的时候丧失阻断能力，而在应该导通时却无法导通，晶闸管出现故障也将导致电路的逆变失败。

3. 交流电源缺相或突然消失。由于直流电动势 E_M 的存在，晶闸管仍可能导通，此时电路交流侧由于失去了同直流电动势极性相反的交流电压，因此直流电动势将通过晶闸管使电路短路。

4. 换相的裕量角不足，引起换相失败（如图 2-42 所示，以 VT_3 向 VT_1 换相为例）。当 $\beta > \gamma$ 时，在换相结束时，晶闸管 VT_3 承受反压而关断，VT_1 上承受电压 $U_{ac} > 0$ 而能开通；若 $\beta < \gamma$，在换相结束时，则应该导通的晶闸管 VT_1 上承受电压 $U_{ac} < 0$ 反而关断，而应该关断的晶闸管 VT_3 上承受电压 $U_{ac} > 0$ 却关断不了。这样会使得 U_d 的波形中正的部分大于负的部分，从而使得 U_d 和 E_M 顺向串联，最终导致逆变失败。

（二）最小逆变角 β_{min} 的确定

逆变时允许采用的最小逆变角为：

$$\beta_{min} = \gamma + \delta + \theta$$

式中：（1）γ 为换相重叠角，它随直流平均电流 I_d 和换相电抗 L_B 的增大而增大，一般 γ 为 $15° \sim 25°$；（2）δ 为晶闸管关断时间 t_q 所对应的电角度，t_q 大的可达 $200 \sim 300 \mu s$，此段时间折算到电角度 δ 为 $4° \sim 5°$；（3）θ 为安全裕量角，考虑到脉冲调整时不对称、电网波动、畸变与温度等影响，还必须留一个安全裕量角，一般 θ 取 $10°$ 左右。综上所述，最小逆变角 $\beta_{min} \approx 30° \sim 35°$，在设计有源逆变电路的控制电路时，必须保证 $\beta \geq \beta_{min}$，因此常在触发电路中附加一保护环节，保证触发脉冲不进入小于 β_{min} 的区域内。

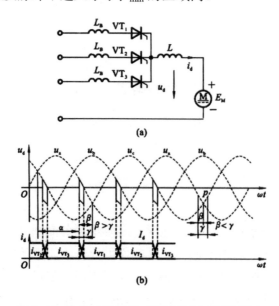

图 2-42 换相重叠角 γ 对逆变换相过程的影响

五、有源逆变的应用

（二）直流可逆电力拖动系统

很多生产机械，如可逆轧机、矿井提升机、电梯、龙门刨床等，在生产过程中都要求电动机频繁启动、制动、反向和调速。为了加快过渡过程，其拖动电机都具有工作于四象限的机械特性。如在电动机减速换相的过程中，使电动机工作于发电制动状态，进行快速制动，这时使一组变流器进入有源逆变状态，使电动机进入发电制动状态，将机械能变成电能回送到交流电网中去。控制他励直流电动机可逆运转，即正反转的方法有两种：一是改变励磁电压的极性；二是改变电枢电压的极性。第一种方案由于励磁回路惯性大，过渡过程时间长且控制较复杂，一般用于大容量、快速性要求不高的可逆系统中；第二种方案常用于中小容量和要求快速性高的可逆系统中。

（二）绕线式异步电动机的串级调速

串级调速是将转子转差功率在转子绕组中产生的电势整流成直流，然后再用三相有源逆变电路逆变为交流电反送电网，通过控制有源逆变的工作来改变电机的转差率，从而达到调速的目的。利用有源逆变的原理对绕线式异步电动机进行调速，具有结构简单、功率高、调速范围宽等优点。3.高压直流输电系统高压直流输电在跨越江河、海峡和大容量远距离的电缆输电、联系两个不同频率的交流电网、同频率两个相邻交流电网的非同期并联等方面发挥着重要的作用。随着电力电子技术的发展，高压直流输电获得迅速发展，为减少输电线中的能量损耗，目前世界范围内的高压直流输电以每年约的速度增长。如图2-43所示为高压直流输电系统。两组晶闸管变流器的交流侧分别与两个交流系统连接，变流器的直流侧相互关联，中间的直流环节虽未接有负载，但可以起到传递功率的作用，通过分别控制两个变流器的工作状态，就可控制功率的流向。总之，在送电端，变流器工作于整流状态；在受电端，变流器工作于逆变状态。

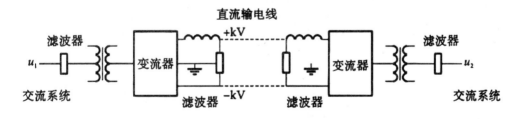

图 2-43 高压直流输电系统

第三章　直流斩波电路

在电力电子技术中，将直流电的一种电压值通过电力电子变换装置变换为另一种固定或可调电压值的变换，称为直流斩波电路，也称为直流/直流（DC/DC）变换。直流斩波电路的用途非常广泛，包括直流电动机传动、开关电源、单相功率因数校正，以及用于其他领域的交直流电源。

第一节　斩波电路概述

采用直流电动机驱动的电力牵引（如地铁、电力机车、无轨电车、电瓶车等）和传动系统，其调速装置的调速性能与直流电源的性能密切相关，直流斩波变换技术可使直流输出电压脉动更小、纹波更低，从而使直流传动装置的稳态性能和动态性能得到进一步提高。高频开关电源则使直流电源的体积减小、质量大幅度减轻，效率明显提高。使用开关电源技术的逆变焊机不仅降低了设备的体积和质量、提高了电源的效率，而且使焊接质量明显提高。直流电源的应用越来越广，对直流电压的规格和性能的要求也越来越细和越来越高，同时电力电子应用技术不断向两端发展，一方面向更低电压领域拓展，另一方面向更高电压领域延伸。直流斩波变换电路能将一组电参数的直流电能变换为另一组电参数的直流电能，这些电参数包括直流电幅值、直流电极性、直流电阻抗。目前主要用脉冲调制实现输出电压的控制，方法主要有两种：脉冲宽度调制（Pulse Width Modulation，PWM）和脉冲频率调制（Pulse Frequency Modulation，PFM），前者应用较广。本章首先对基本的降压、升压、升降压斩波电路的电路构成、电路波形和工作原理重点讲解；然后讲述可逆斩波电路，以及开关电源技术。

第二节　降压斩波电路

降压斩波电路又称降压斩波器，它是一种输出电压的平均值低于直流输入电压的变换电路。图3-1是由一个开关组成的变流电路。其中图3-1（a）所示为直流开关电路，E 为直流电压源，S 为理想开关，R 为阻性负载。从0时刻开始将

开关 S 闭合，S 闭合的时间为 t_{on}，则在此期间，直流电源电压 E 加到负载电阻 R 上，此时负载两端的电压 U_0 即为直流电源电压 E，同时负载上有直流电流 i_0 流过；从 t_{on} 时刻起将开关 S 断开一段时间 t_{off}，这期间负载两端电压为零，电阻中流过的电流也为零，之后让开关 S 以时间 $T = t_{on} + t_{off}$ 为周期不断接通和断开，负载 R 上就得到了如图 3-1（b）所示的电压和电流波形，它是一列周期为 T 的矩形脉冲。此时负载上的平均电压 U_0 为

$$U_o = \frac{1}{T} \int_0^{t_{on}} E \, \mathrm{d}t = \frac{t_{on}}{T} E$$

(3-1)

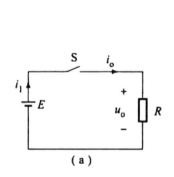
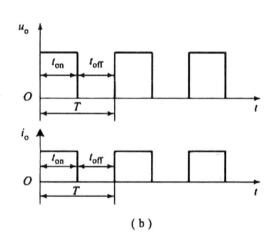

（a）直流开关电路； （b）直流开关电路的输出波形

图 3-1 直流开关电路及波形

由式（3-1）可见，当开关周期 T 不变时，如果改变 S 的开通时间 t_{on}，即改变矩形脉冲的宽度，则负载上的平均电压 U_0 也随之改变。这种通过改变矩形脉冲宽度来改变负载输出直流电压的调压方式称为直流脉冲宽度（PWM）调制。

将电路中的开关 S 换成全控型器件，那么对于已知的不同输出直流电压 U_0，以及给定的开关周期 T，应用式（3-1）可以准确求出全控型器件的开通和关断时刻，然后就可以此为依据对电路进行控制，从而实现对输出直流电压的调节，这就是直流 PWM 控制的基本原理。此外，也可以保持开关器件的导通时间 t_{on} 不变，靠改变开关周期 T 来改变占空比，从而改变输出平均电压的值。这种控制方式就是脉冲频率调制方式（PFM），也称定宽调频控制方式。本节开始介绍几种基本的斩波电路，首先介绍降压斩波电路（Buck chopper）。在实际应用中该电路常用来给直流电动机供电，以构成高性能直流电机调速系统。这里以反电动势阻感负载为例来分析降压斩波电路的工作原理，电路如图 3-2（a）所示。图中，E 为直流电源，VT 为全控型器件 IGBT，续流二极管 VD 在 IGBT 关断期间为电

感储存的能量提供释放通道，E_M 为反电动势，R、L E_M 共同组成反电动势阻感负载。负载两端电压记为 u_O，流过负载的电流记为 i_0，下面分析该电路的工作原理。

一、负载电流连续时的工作原理

假设电路已工作在稳定状态，对电路采用 PWM 控制技术。参考图 3-2（b）所示波形，在零时刻给 VT 的栅极施加控制信号，VT 导通，电源电压通过 VT 作用到负载上，忽略 VT 的管压降，负载两端的电压 U_o 就等于电源电压 E，二极管 VD 处于反向偏置状态，此时电流流通路径：$E \rightarrow VT \rightarrow L \rightarrow R \rightarrow E_M \rightarrow E$。由于流过电感的电流不能突变，负载电流 i_o 开始以指数规律上升，在此过程中，电源 E 向负载供电，电感开始储存能量。到 t_1 时刻，使栅极控制电压等于 0，VT 随之关断，此时负载电流 i_o 开始通过 VD 续流，电流流通路径：$L \rightarrow R \rightarrow E_M \rightarrow VD \rightarrow L$。电感中储存的能量一方面向电源 E_M 充电，另一方面由电阻消耗一部分。随着电感中能量的消耗，负载电流以指数规律下降。二极管 VD 续流期间两端的电压为零，因此，负载两端的电压 U_o 变为零。到 t_2 时刻，再一次使 VT 导通一段时间，然后使其关断，使电路重复 $0 \sim t_2$ 的工作过程。记 VT 导通的时间为 t_{on}，关断的时间为 t_{off}，则以 $T = t_{on} + t_{off}$ 为周期不断开通和关断 VT，负载上就会得到如图 3-2（b）所示的电压和电流波形，图中 I_{10} 和 I_{20} 分别为负载电流 i_o 的上升时段 i_1 和下降时段 i_2 的初值。

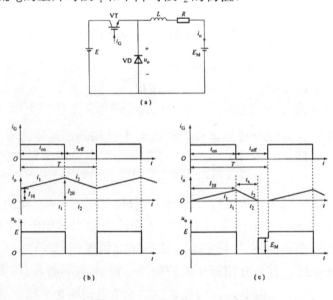

(a) 降压斩波电路；(b) 电流连续时的波形；(c) 电流断续时的波形

图 3-2 降压斩波电路及波形

负载上的平均电压 U_0 为

$$U_\mathrm{O} = \frac{1}{T}\int_0^{t_\mathrm{on}} E\,\mathrm{d}t = \frac{t_\mathrm{on}}{T}E = \alpha E \tag{3-2}$$

式中，$\alpha = t_\mathrm{on}/T$ 为导通比或占空比，由于 $t_\mathrm{on} \leqslant T$，所以 $0 \leqslant \alpha \leqslant 1$。

由式可以看出，输出电压平均值 U_0 与 α 成正比，其最大值为 E，因此将该电路称为降压斩波电路。

由于稳态时一个周期 T 内电感 L 的储能为零，因此一个周期内电感两端的电压平均值也为零。电阻 R 两端的电压平均值就等于负载平均电压 U_0 与反电动势 E_M 之差。设电阻上的平均电流为 I_0，则流过负载的平均电流为

$$I_\mathrm{O} = \frac{U_\mathrm{O}-E_\mathrm{M}}{R} = \frac{\alpha E - E_\mathrm{M}}{R} \tag{3-3}$$

需要说明的是，如果电感足够大，则负载电流 i_0 是一条平行于横轴的近似直线，且其幅值等于 I_0。当脉冲频率很高且占空比较大时，较小的电感就可使电流的脉动很小。在占空比较小的情况下，每周期中电感的储能不能大，可能导致电流断续。

二、负载电流断续时的工作原理

在负载的电感 L 较小且占空比也不大的情况下，在二极管续流期间，有可能使电流断续。电流断续发生时，续流二极管关断，此时负载两端的电压为反电动势电压 E_M，因此负载上电压和电流的实际波形如图 3-2（c）所示。此时负载上的平均电压为

$$U_0 = \frac{1}{T}\left(\int_0^{t_\mathrm{on}} E\,\mathrm{d}t + \int_{t_\mathrm{on}+t_x}^{T} E_\mathrm{M}\,\mathrm{d}t\right) = \alpha E + \frac{(T - t_\mathrm{on} - t_x)}{T}E_\mathrm{M} \tag{3-4}$$

与式相比，电流断续时，反电动势的存在使得负载平均电压 U_0 增大。负载上的平均电流为

$$I_\mathrm{O} = \frac{U_\mathrm{O}-E_\mathrm{M}}{R} = \frac{\alpha E - \dfrac{t_\mathrm{on}+t_x}{T}E_\mathrm{M}}{R} \tag{3-5}$$

第三节 升压斩波电路

升压斩波电路（Boost chopper）的原理图如图 3-3（a）所示。图中，E 为直流电源，VT 为全控型器件 IGBT，二极管 VD 在全控型器件开通期间起反向阻断作用，以阻止电容通过全控型器件放电，负载电阻 R 两端的电压记为 u_0，流过

二极管的电流记为 i_0，下面我们来分析该电路的工作原理。

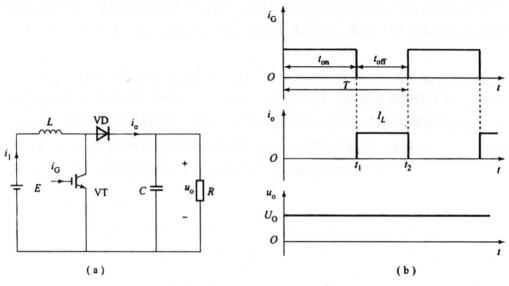

（a）升压斩波电路；（b）控制信号及输出波形

图 3-3 升压斩波电路及其波形

分两种情况进行分析：一种是 VT 导通时的情况，另一种是 VT 关断时的情况。设电路已工作在稳定状态。在零时刻 VT 的栅极因施加控制电压而导通，直流电源 E、L、VT 构成电流回路，电感 L 开始充电，电流 i_1 按指数规律上升，同时电容 C（已在前面的工作过程中充电，极性为上正下负）向负载 R 供电，电容电压按指数规律下降，电阻 R 两端的电压 u_o 等于电容两端的电压。因 VT 导通，二极管 VD 两端电压与负载电压相同，VD 承受反向电压而处于截止状态，电流 i_o 等于零。在 t_1 时刻，栅极电压等于 0，则全控型器件 VT 立刻关断，由于通过 L 的电流不能突变，L 两端产生感应电压 u_L，极性为右正左负，与直流电源 E 方向相同，二者通过二极管 VD 共同作用在电阻 R 和电容 C 上，一方面给电阻 R 提供能量，另一方面给电容 C 充电，此时负载和电容两端的电压 u_0 就等于电源电压 E 和感性电压 u_L 之和，即电感 L 在 VT 关断期间通过释放能量对电容和负载起到电压泵升的作用，使得负载和电容上的电压在整个周期 T 上的平均值大于电源电压 E。记 VT 的导通时间为 t_{on}，关断时间为 t_{off}，则以 $T = t_{on} + t_{off}$ 为周期不断开通和关断 VT，电路将重复上述过程。假设 L、C 足够大，且电路工作稳定，则电感 L 上的电流和电容 C 两端的电压在 VT 开通和关断期间基本维持恒定。将电容电压和电感电流分别记为 U_0 和 I_L，则电流 i_o 的波形如图 5-3（b）所示，而电压 u_0 波形为一条与横轴平行且幅值为 U_0 的近似直线。

由于电感在 VT 开通周期内能量变化为 $EI_1 t_{on}$，在 VT 关断期间释放的能量为 $(U_O - E)I_1 t_{off}$，稳定运行期间一个周期内电感能量变化为零，即电感的储能与放能相等。因此有

$$EI_1 t_{on} = (U_O - E)I_1 t_{off}$$

$$(3\text{-}6)$$

整理后得到

$$U_O = \frac{T}{t_{off}} E$$

$$(3\text{-}7)$$

由于电路处于稳态时，电容的电流在一个周期内的平均值为零，因此流过电阻的平均电流就等于电流的平均值，即有

$$I_0 = \frac{U_0}{R} = \frac{T}{t_{off}} \cdot \frac{E}{R}$$

$$(3\text{-}8)$$

第四节 升降压斩波电路

升降压斩波电路（Buck-Boost chopper）原理图如图 3-4（a）所示。图中，E 为直流电源，VT 为全控型器件 IGBT，二极管 VD 起续流作用，在全控型器件关断期间为电感 L 中储存的能量提供释放通道，负载电阻 R 两端的电压记为 u_o，流过全控型器件 VT 的电流记为 i_1，流过二极管的电流记为 i_2。下面我们来分析该电路的工作原理。

同升压斩波电路一样，仍然分 VT 导通和关断两种情况进行分析。设电路已工作于稳定状态，在零时刻给 VT 的栅极施加控制电压，则 VT 导通，此时电源 E、VT、L 构成导电回路，电感 L 开始储能，电流 i_1 增加，二极管 VD 在电源 E 和电容 C（已在前面的工作过程中充电，其端电压为下正上负）的共同作用下反向截止，电流 i_2 等于零。电容 C 向负载 R 供电，两端电压（也即负载 R 两端的电压）u_o 随电容储存能量的释放而下降。在 t_1 时刻，使栅极电压等于 0，则全控型器件 VT 立刻关断，电流 i_1 立刻变为零。由于电感电流不能突变，电感两端产生感应电压 u_L，其极性为下正上负，使得二极管 VD 导通，此时电流流通路径：$L \to (C, R) \to VD \to L$，电感 L 开始向电阻 R 和 C 释放储能，电容 C 在 u_L 的作用下充电，此时 i_2 由初值 $i_1(t_1)$ 开始下降，负载 R 两端的电压 u_0 随着电容的充电而上升。记 VT 导通的时间为 t_{on}，VT 关断的时间为 t_{off}，则以 $T = t_{on} + t_{off}$ 为周期不断开通和关断 VT，电路将重复上述过程。假设 L、C 足够大，且电路工作于稳态，则电感 L 上的电流和电容 C 两端的电压在 VT 开通和关断期间基本维持恒定。将电容电压和电感电流分别记为 U_o 和 I_L，则电流 i_1 和 i_2 的波形如图

3-4（b）所示，而电压 u_0 的波形为一条与横轴平行且幅值为 U_0 的近似直线。

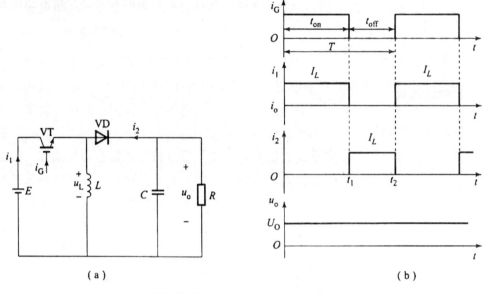

（a）升降压斩波电路；（b）输入、输出波形

图 3-4 升降压斩波电路及其波形

接下来我们计算输出电压平均值 U_O。在 VT 开通期间，电感两端的电压 u_L 等于 E，所储存的能量为 EI_1t_{on}；在 VT 关断期间，电感两端的电压 u_L 等于 U_O。所释放的能量为 $U_OI_2t_{off}$。由于电路稳定运行期间的一个周期内电感 L 的能量变化为零，即储能与放能相等，因此有

$$EI_1t_{on} = U_OI_2t_{off}$$

（3-9）

因为通过电感 L 的电流值几乎不变，故有 $I_2 = I_L = I_2$，因此可得

$$U_O = E\frac{t_{on}}{t_{off}} = \frac{\alpha}{1-\alpha}E$$

（3-10）

由式（3-10）可知，当 $0 < \alpha \leqslant 0.5$ 时，$U_0 \leq E$，输出电压降低；当 $0.5 \leqslant \alpha < 1$ 时，$U_0 \geqslant E$，输出电压升高，即输出电压随着占空比的变化既可以升高也可以降低，因此称为升降压斩波电路。

流过电阻 R 的平均电流 I_O 为

$$I_O = \frac{U_O}{R} = \frac{\alpha}{1-\alpha} \cdot \frac{E}{R}$$

（3-11）

由于稳态时，一个周期内流过电容的电流平均值为零，因此流过 R 的平均

电流 I_O 与平均电压 I_2 相等。从图 3-4（b）可见，电流 i_1 和 i_2 的平均值 i_1 和 i_2 满足如下关系：

$$I_1 = \frac{t_{on}}{T} I_L$$

$$I_2 = \frac{t_{off}}{T} I_L \tag{3-12}$$

$$\frac{I_1}{I_2} = \frac{t_{on}}{t_{off}} = \frac{\alpha}{1-\alpha} \tag{3-13}$$

因此有

$$I_1 = \frac{\alpha}{1-\alpha} I_2 = \frac{\alpha}{1-\alpha} I_0 = \left(\frac{\alpha}{1-\alpha}\right)^2 \cdot \frac{E}{R} \tag{3-14}$$

一、Cuk 斩波电路

图 3-5 所示为 Cuk 斩波电路原理图及其等效电路。图中，E 为直流电源，开关管 VT 采用 IGBT，C 为能量传递电容，其值和电感 L_1、L_2 都足够大，负载电阻 R 两端的电压记为 u_0。下面我们来分析该电路的工作原理。

VT 导通时的情况：给 VT 的栅极加控制电压，则 VT 导通，此时 E、L_1、VT 构成通路，有电流流过，电感 L_1 开始充电储能；同时电容 C（在前面的周期已充电，极性为左正右负）经 VT　R　L_2 回路放电，二极管 VD 承受反压（两端电压与 C 端电压相同）而处于截止状态，电路相当于开关 S 合向 B 点 [图 5-5（b）中]，电容 C 上的能量一部分移到电感 L_2 中。可见，VT 导通期间有两个电流回路，分别是 $E \rightarrow L_1 \rightarrow VT \rightarrow E$ 和 $C \rightarrow VT \rightarrow R \rightarrow L_2 \rightarrow C$。

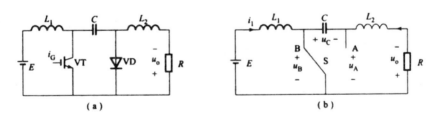

(a) 电路原理图；(b) 等效电路

图 3-5 Cuk 斩波电路原理图及其等效电路

VT 关断时的情况：撤去 VT 的栅极信号，则 VT 立刻关断，由于电感电流不能突变，流经 L_1 的电流减小，L_1 两端产生左负右正的感应电动势，与 E 一起

向电容 C 充电，流过 C 的电流反向，迫使流经 L_2 的电流减小，L_1 中的能量向电容 C 转移，因流经 L_2 的电流不能突变，L_2 两端产生左正右负的感应电动势，使得二极管 VD 导通，电路相当于开关 S 合向 A 点，L_2 经 VD、R 构成导电回路，其中储存的能量向电阻 R 释放；VT 关断期间，导电回路也是两个，分别是 $E \rightarrow L_1 \rightarrow C \rightarrow VD \rightarrow E$ 和 $L_2 \rightarrow VD \rightarrow R \rightarrow L_2$。

反复驱动 VT 开通和关断，电路的工作状态就相当于开关 S 交替接于 A、B 两点时的情况。由于 R 和 L_2 串联，其中电流基本恒定，故负载 R 两端电压基本恒定。

接下来我们根据等效电路图 3-5（b）来计算负载输出电压 U_0。当电容 C 很大时，电容 C 两端的电压 u_c 基本不变，设其平均值为 U_C。在开关 S 位于 B 点时，B 点电压 $u_B = 0$（相对于 E 的负极），A 点电压 $u_A = -u_c$；当开关 S 位于 A 点时，A 点电压 $u_A = 0, B$ 点电压 $u_B = u_c$。在一个开关周期 T 内，B 点电压的平均值为 $U_B = \dfrac{t_{off}}{T} U_C$，由于电感 L_1 在一个周期内电压的平均值为零，所以 B 点的平均电压就等于电源两端的平均电压，即 $E = U_B = \dfrac{t_{off}}{T} U_C$。同理，在一个开关周期 T 内，A 点电压的平均值为 $U_A = -\dfrac{t_{on}}{T} U_C$，由于电感 L_2 在一个周期内电压的平均值为零，因此负载两端电压的平均值等于点的平均电压，考虑到负载电压的方向与点参考电压的方向相反，故有。这样就可以得到输出电压与电源电压的关系为

$$U_O = \frac{t_{on}}{t_{off}} E = \frac{\alpha}{1-\alpha} E$$

（3-15）

上述关系也可以利用电感在一个周期内的充放电相等来导出。从式可以看出 Cuk 斩波电路的输入、输出关系与升降压斩波电路的相同。由于 Cuk 斩波电路的输入、输出端都有电感，因此该电路的优点是输入、输出电流连续且脉动小，有利于输入、输出进行滤波，但不能空载工作，结构较复杂。

二、Sepic 斩波电路和 Zeta 斩波电路

Sepic 斩波电路和 Zeta 斩波电路原理图如图 3-6（a）、（b）所示。图中，E 为直流电源，VT 采用 IGBT，下面我们来对两个电路的工作原理进行分析。

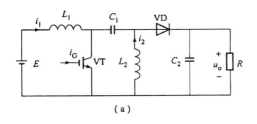
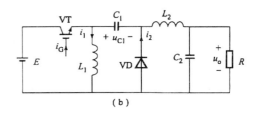

(a)　　　　　　　　　　　　　　　(b)

(a) Sepic 斩波电路；(b) Zeta 斩波电路

图 3-6　Sepic 斩波电路和 Zeta 斩波电路

首先来看 Sepic 斩波电路。假设电路已进入稳定工作状态，VT 导通时，有两个导电回路，分别为 $E \to L_1 \to VT \to E$ 和 $C_1 \to VT \to L_2 \to C_1$，电感 L_1 充电储能，电容 C_1 上的能量向 L_2 转移，VD 端承受反向电压，其值为 C_1 和 C_2 两端电压之和，故 VD 截止，负载 R 两端电压由电容 C_2 维持。VT 关断时，也有两个导电回路，分别为 $E \to L_1 \to C_1 \to VD \to R$、$C_2 \to E$ 和 $L_2 \to VD \to R$、$C_2 \to L_2$。由于电感电流不能突变，电感 L_1 两端产生极性为右正左负的感应电动势与电源 E 一起向 C_1 充电储能，同时经 VD 向负载 R 和 C_2 释放。当以较高频率周期性地控制 VT 的通断时，在负载两端可以输出稳定的电压，改变占空比，输出电压可以得到调节。根据电路稳定时电感平均储能为零可以导出 Sepic 斩波电路的输入、输出关系式为

$$U_0 = \frac{t_{\mathrm{on}}}{t_{\mathrm{off}}} E = \frac{\alpha}{1-\alpha} E$$

（3-16）

接下来分析 Zeta 斩波电路。同样假设电路已进入稳定工作状态，VT 导通时，导电回路为 $E \to VT \to L_1 \to E$ 和 $E \to VT \to C_1 \to L_2 \to R$　$C_2 \to E$，电感 L_1 充电储能，同时，E 和电容 C_1 经 L_2 为负载 R 和 C_2 供电，电容 C_1 释放电能，电容 C_2 储存能量，电感 L_2 两端产生方向为左正右负的感应电动势，VD 承受反压，其值为 E 与 C_1 两端电压之和，VD 截止。VT 关断时，因电感电流不能突变，电感 L_1 两端产生方向为下正上负的感应电动势，使得 VD 开通，导电回路变为 $L_1 \to VD \to C_1 \to L_1$ 和 $L_2 \to R$、VD、$C_2 \to \to L_2$，电感 L_1 上的能量向电容 C_1 转移，电感 L_2 经 VD 向电容 C_2 和负载 R 供电。同样以较高频率周期性地控制 VT 的通断，在负载两端可以输出稳定的电压，改变占空比，输出电压得以调节。根据电路稳定时电感平均储能为零可以导出 Zeta 斩波电路的输入、输出关系式为

$$U_0 = \frac{\alpha}{1-\alpha} E$$

（3-17）

两种电路相比，Sepic 斩波电路和 Zeta 斩波电路的输入、输出关系与升降压斩波电路相同。与前述升降压斩波电路和 Cuk 斩波电路相比较，二者的共同点

是输出电压都是正极性方向，不同之处是 Sepic 电路的电源电流连续，输入电流脉动小，但输出电流脉动大，而 Zeta 电路的输入电流是断续的，输出电流脉动小，但不能空载运行。两种电路的结构都较为复杂。

第五节　可逆斩波电路

前面介绍了几种基本的斩波电路，这些斩波电路的能量传递都是单方向的。在使用直流电动机的场合，如电力机车和电动汽车，常常需要电动机正转和反转、电动运行和再生制动，这时为其供电的直流斩波电路需要能量的双向传递，即电压和电流都可以反向，能量可以逆向流动。把前面介绍的斩波电路组合起来就可构成可逆斩波电路。下面分析电流可逆斩波电路和桥式可逆斩波电路。

一、电流可逆斩波电路

我们知道，斩波电路的一个重要应用就是与直流电动机一起构成高性能的直流调速系统。如果斩波电路所接负载为直流电动机，当直流电动机旋转起来后，就成为反电动势负载。本章第二节中所分析的降压斩波电路就是反电动势负载的情况。该电路中，电流只能从电源流出流入负载，不能由负载流出流入电源。在直流电机的实际运行中，除了要求能够实现对转速的高性能调节以外，通常还要求能够实现再生发电制动，也就是在制动的过程中，把电机上的动能转化为电能回馈到电网。显然，本章第二节中的电路不能满足要求，需要再增加一个电路专门把负载能量传回电源，两个电路组合即可实现电流的双向流动。图 3-7（a）示出了这样的组合电路，其中 VT_1 和 VD_1 构成降压斩波电路，可以看出，把 VT_2 和 VD_2 去掉就是图 5-2（a）所示的电路。VT_2 和 VD_2 构成升压斩波电路，把 VT_1 和 VD_1 去掉，并把当负载，把反电动势 E_M 当电源，电路就与图 5-3 相同。因此该电路就是降压斩波电路和升压斩波电路的组合，前者由电源 E 向电动机供电，后者把电动机的能量回馈到电源 E。需要注意的是，如果 VT_1 和 VT_2 同时导通，将会导致直流电源短路，进而损坏电路中的开关器件或电源，因此在任意时刻，只能有一组斩波电路工作。

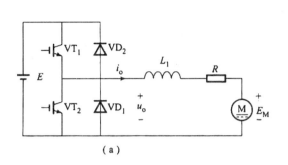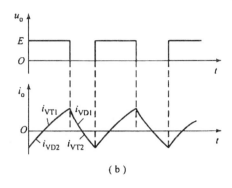

（a）电流可逆斩波电路；（b）输出电压、电流波形

图 3-7 电流可逆斩波电路及其波形

当电路总是降压斩波电路 VT_1 和 VD_1 在运行时，VT_2 和 VD_2 总处于断态，直流电动机工作于第 I 象限的电动运行状态，此时电流 i_o 的方向向右。而当电路总是升压斩波电路 VT_2 和 VT_2 在运行时，VT_1 和 VD_2 总处于断态，直流电动机工作于第 II 象限的再生制动状态，此时电流 i_o 的方向向左。对于这两种工作状态下电路的工作原理，在本章第二节和第三节节中已做介绍，这里不再讨论。此外该电路还有第三种工作方式，即在一个周期内，电路交替地作为降压斩波电路和升压斩波电路工作。在这种工作方式下，当降压斩波电路或升压斩波电路的电流断续而为零时，两组斩波电路交替运行，此时电动机电枢中总有电流流过。例如，当降压斩波电路工作时，例如，当降压斩波电路工作时，先是 VT_1 导通，流过电枢的电流开始上升，电感 L 充电储能，由于电流 i_o 很小，L 储能不多；经过一段时间后，VT_1 关断、电感 L 中的电流经 VD_1 续流开始下降，电感 L 释放能量，L 在 VT_1 导通期间所储存的较少能量在很短时间内释放完毕，电枢电流 i_o 很快变为零。而此时电动机仍然处于正转状态；在电枢电流 i_o 变为零的时刻，立刻让 VT_2 导通，在电动机反电动势 E_M 的作用下，电枢电流 i_o 开始反向，电感 L 开始反向储能，之后随着 VT_2 的关断，电感 L 积蓄的能量和反电动势 E_M 共同作用，使 VD_2 导通，开始向电源 E 回馈电能；当 L 中的能量释放完毕，i_o 再次变为零。再使 VT_1 导通，则电路开始重复上述过程，此时输出电压 u_o 和电枢电流 i_o 的波形如图 3-7（b）所示。在一个周期内，电枢电流正反向过渡平滑，响应很快。由整流电路为电动机供电时，在电流断续时，电动机机械特性变软。现在可以看到由斩波电路为电动机供电时，在负载较轻的情况下，可以通过斩波电路的交转工作而使电流连续，从而不会造成机械特性变软的情况，使调速系统的性能得到提高。

二、桥式可逆斩波电路

电流可逆斩波电路可使电动机电枢电流反向，实现了电动机的两象限运行，但为电动机提供的电压机型是单方向的。当需要电动机正反转的场合，就必须将两个电流可逆斩波电路组合起来，分别向电动机提供正向和反向的电压，图 5-8 所示的桥式可逆斩波电路（也称为 H 形斩波电路）就是这种组合电路。

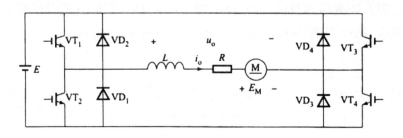

图 3-8 桥式可逆斩波电路

桥式可逆斩波电路的四个桥臂相当于开关，对四个开关的控制有三种驱动控制方式，分别有单极性斩波控制、双极性斩波控制、受限单极性斩波控制。

第四章 无源逆变电路

第一节 逆变电路的概述

一、逆变电路的工作原理

逆变是将直流电变为交流电。下面以单相桥式逆变电路为例说明其工作原理。图 4-1（a）中 $S_1 \sim S_4$ 是单相桥式电路的四个臂，它们由电力电子器件及其辅助电路组成，S_1 和 S_4 是一对桥臂，S_2 和 S_3 组成另一对桥臂。当开关 S_1、S_4 闭合，且 S_2、S_3 断开时，输出负载电压 u_0 为正；反之，则 u_0 为负，其波形如图 4-1（b）所示，这样就把直流电变为交流电了，改变两对桥臂切换的频率，就可以改变交流电的输出频率，这就是逆变电路最基本的工作原理。

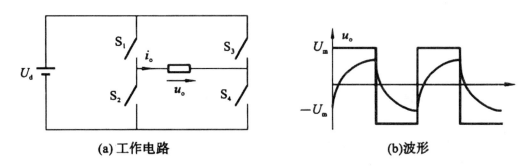

(a) 工作电路　　　　　　　　　(b) 波形

图 4-1 逆变电路及其波形

其负载电流 i_0 根据负载性质的不同而不同，图 4-1（b）中为阻感负载在图 4-1 所示逆变电路工作过程中，电流从 S_1 到 S_2、S_4 到 S_3 转移，这种电流从一个支路向另一个支路转移的过程称为换流，也可称为换相。在换流过程中，有的支路要从通态转移到断态，有的支路要从断态转移到通态。从断态转移到通态时，无论支路是由全控型还是由半控型电力电子器件组成，只要给门极适当的驱动信号，就可以使其开通。但从通态向断态转移的情况就不同，全控型器件可以通过对门极的控制使其关断，而对于半控型器件的晶闸管而言，就无法通过对门极的控制使其关断，必须利用外部条件或采取其他措施才能使其关断。一般来说，要在晶闸管电流过零后再施加一定时间的反向电压，才能使其关断。由于使器件关断，主要是使晶闸管关断比使其开通复杂得多，因此，研究换流方式主要是研究如何使器件关断。

特别指出，换流并不是只在逆变电路中才有的概念，其他三种变流技术都涉及换流问题，但在逆变电路中，换流及换流方式问题最为集中。一般来说，换流方式可以分为以下几种。

（一）器件换流

利用全控器件的自关断能力进行换流称为器件换流，如在采用电力 GTR、GTO、电力 MOSFET 及 IGBT 等全控型器件的电路中就是采用此种换流方式。

（二）电网换流

由电网提供换流电压称为电网换流。可控整流电路、交流调压电路和采用相控方式的交 - 交变频电路中的换流方式都是电网换流。在换流时，只要把负的电网电压施加在欲关断的晶闸管上即可使其承受反压而关断。这种换流方式不需要器件的门极具有自关断能力，也不需要为换流附加任何元件，但不适用于没有交流电网的无源逆变电路。

（三）负载换流

由负载提供换流电压称为负载换流。凡是负载电流的相位超前于负载电压相位的场合，都可以实现负载换流，即负载为电容性负载。

基本的负载换流逆变电路如图 4-2（a）所示，两对桥臂由四个晶闸管组成，其负载为电阻电感串联后再和电容并联，整个负载工作在接近并联谐振状态而略呈容性。电容往往是为改善功率因数，使其略呈容性而接人的，电路中直流侧串入了大电感 L_d，使 i_d 基本无脉动。

电路的工作波形如图 4-2（b）所示。因为 i_d 基本无脉动，直流电流近似为恒值，四个臂开关的切换仅使电流路径改变，所以负载电流基本呈矩形波。负载工作在对基波电流接近并联谐振的状态，对基波的阻抗很大而对谐波阻抗很小，故负载电压 u_0 波形接近正弦波。

设在 $t < t_1$ 时，VT_1、VT_4 导通，VT_2、VT_3 关断，i_d、u_0 都为正，即 VT_2、VT_3 上承受的电压为 u_0。$t = t_1$ 时，触发 VT_2、VT_3 使其导通，负载电压 u_0 通过 VT_2、VT_3 加到 VT_1、VT_4 上，使其承受反压而关断，电流从 VT_1、VT_4 支路换到 VT_2、VT_3 支路上。应指出触发 VT_2、VT_3 的时刻 t_1 必须在 u_0 过零前并留有足够的裕量，才能使换流顺利完成。从 VT_2、VT_3 到 VT_1、VT_4 的换流过程与上述情况类似。

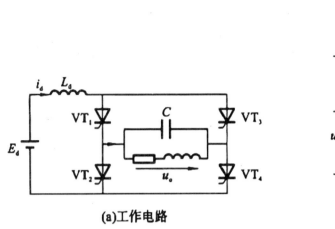

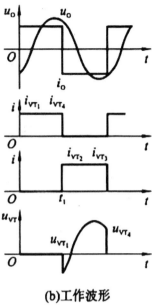

(a)工作电路　　　　　(b)工作波形

图 4-2　负载换流逆变电路及其波形

（四）强迫换流

设置附加的换流电路，给欲关断的晶闸管强迫施加反向电压或反向电流的换流方式称为强迫换流。强迫换流通常利用附加电容上所储存的能量来实现，也称为电容换流。在强迫换流方式中，由换流电路内电容直接提供换流电压的方式称为直接耦合式强迫换流。其原理图如图 4-3 所示。晶闸管 C 处于通态时，预先给电容 C 按图 4-3 所示极性充电，合上开关 S，就可使晶闸管承受反向电压而关断。

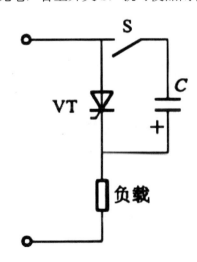

图 4-3　直接耦合式强迫换流原理图

如果通过换流电路内的电容和电感耦合提供换流电压或换流电流，则称之为电感耦合式强迫换流。图 4-4 所示为两种电感耦合式强迫换流原理图。图 4-4（a）中晶闸管在 LC 振荡第一个半周期内关断，图 4-4（b）中晶闸管在 LC 振荡第二个半周期内关断。

上述四种换流方式中，器件换流只适用于全控型器件，其余方式主要针对晶闸管。器件换流和强迫换流都是因为器件或变流器自身的原因实现换流的，属于自然换流；电网换流和负载换流都是依靠外部手段（电网电压或负载电压）来实现换流的，属于外部换流。前者的逆变电路称为自换流逆变电路，后者的逆变电路称为外部换流逆变电路。

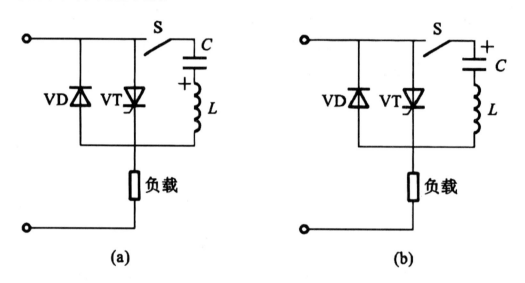

(a) **(b)**

图 4-4 电感耦合式强迫换流原理图

二、逆变电路的分类

逆变电路根据输入直流侧电源性质的不同分为以下两种。

（一）电压型逆变电路

输入直流侧为恒压源，且输入端并接有大电容，逆变电路将直流电压变换成交流电压。

（二）电流型逆变电路

输入直流侧为恒流源，且输入端并接有大电感，逆变电路将直流电流变换成交流电流。根据电路的结构特点逆变电路可分为半桥式逆变电路、全桥式逆变电路和推挽式逆变电路等。

根据负载特点逆变电路可分为非谐振式逆变电路和谐振式逆变电路。

第二节 电压型逆变电路

电压型逆变电路的特点如下。

1. 直流侧为电压源或并联大电容，直流侧电压基本无脉动。

2. 交流侧输出电压为矩形波，输出电流波形和相位因负载阻抗不同而不同。

3. 阻感负载时需要提供无功功率，为了给交流侧向直流侧反馈的无功能量提供通道，逆变桥各臂需并联反馈二极管。

本节介绍单相和三相电压型逆变电路的基本组成、工作原理及特性。

一、单相电压型逆变电路

（一）半桥逆变电路

1. 电路原理图

单相半桥电压型逆变电路原理图如图 4-5 所示，它有两个桥臂，每一个桥臂由一个全控器件和一个反并联二极管组成。在直流侧接有两个相互串联的足够大且相等的电容，负载接在两个电容的连接点和两个桥臂连接点之间。

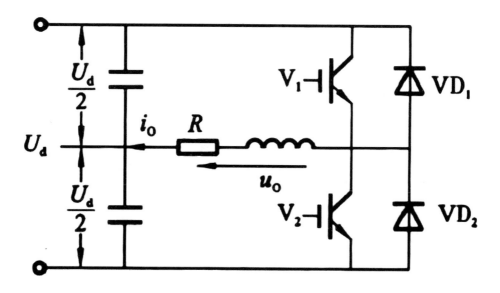

图 4-5 单相半桥电压型逆变电路原理图

2. 电路工作原理及波形

V1 和 V2 的驱动信号在一个周期内各有半周期正偏，半周期反偏，且两者互补。逆变电路工作波形如图 4-6 所示，输出电压 u_0 为矩形波，其幅值为 $U_d/2$，输出电流 i_0 的波形随负载情况而异，下面以感性负载为例进行分析。

设 t_2 时刻以前 V_1 导通，V_2 关断。t_2 时刻给 V_1 关断信号、给 V_2 导通信号，则 V_1 关断，但感性负载中的电流 i_0 不能立即改变方向，于是 VD_2 先导通续流。当 t_3 时刻 i_0 降为零时，VD_2 截止，V_2 导通，i_0 开始反向。同样，在 t_4 时刻给 V_2 关断信号、给 V_1 导通信号，V_2 关断，VD_1 先导通续流，t_5 时刻 V_1 才开通，波形如图 4-6 所示。

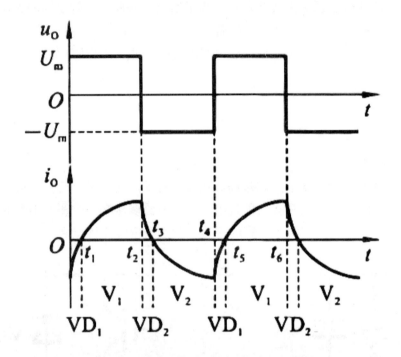

图 4-6 单相半桥电压型逆变电路工作波形

当 V_1 或 V_2 导通时，负载电流和电压方向相同，直流侧向负载提供能量；而当 VD_1 或 VD_2 导通时，负载电流和电压方向相反，负载电感中储存的能量向直流侧反馈，即负载电感将其吸收的无功能量反馈向直流侧，反馈回的能量暂时储存在直流侧电容中，直流侧电容起着缓冲这种无功能量的作用。二极管 VD_1、VD_2 起着使负载电流续流的作用，可称为续流二极管；同时也是负载向直流侧反馈能量的通道，也可称为反馈二极管。

3. 相关参数计算

逆变电路输出电压的有效值为：

$$U_o = \sqrt{\frac{2}{T_S} \int_0^{T_S/2} \frac{U_d^2}{4} dt} = \frac{U_d}{2}$$

（4-1）

由傅里叶级数分析，输出电压 u_0 基波分量的有效值为：

$$U_{\mathrm{ol}} = \frac{2U_{\mathrm{d}}}{\sqrt{2}\pi} = 0.45U_{\mathrm{d}}$$

（4-2）

当负载为阻感性时，输出电流 i_0 的基波分量为：

$$i_{\mathrm{ol}}(t) = \frac{\sqrt{2}U_{\mathrm{d}}}{\sqrt{R^2 + (\omega L)^2}} \sin(\omega t - \phi)$$

（4-3）

式中：$\phi = \arctan(\omega L / R)$。

当可控型器件是半控型器件晶闸管时，必须附加强迫换流电路才能工作。

半桥逆变电路的优点是简单、使用器件少。其缺点是输出的交流电压幅值仅为 $U_{\mathrm{d}}/2$，且直流侧需要两个电容器串联，工作时要控制两个电容器电压的均衡，此电路常用于小功率逆变电路。

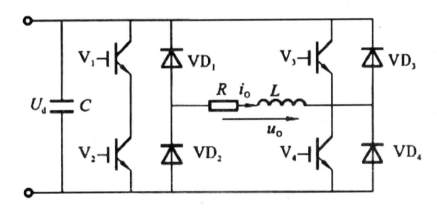

图 4-7 单相全桥电压型逆变电路

（二）全桥逆变电路

单相全桥电压型逆变电路原理图如图 4-7 所示，它有二对桥臂，可以看成由两个半桥电路组合而成。V_1、V_4 为一对桥臂，V_2、V_3 为另一对桥臂，成对的桥臂同时导通，两对桥臂交替各导通 $180°$。输出电压 u_0 和输出电流 i_0 与半桥电路的 u_0、i_0 波形形状相同，但幅值增加一倍。

把幅值为 U_{d} 的矩形波 u_0 进行定量分析，利用傅里叶级数展开得：

$$u_{\mathrm{o}} = \frac{4U_{\mathrm{d}}}{\pi}\left(\sin\omega t + \frac{1}{3}\sin 3\omega t + \frac{1}{5}\sin 5\omega t + \cdots\right)$$

（4-4）

其中基波幅值 U_{o1m} 为：

$$U_{o1m} = \frac{4U_d}{\pi} = 1.27U_d$$

（4-5）

基波有效值 U_{o1} 为：

$$U_{o1} = \frac{2\sqrt{2}U_d}{\pi} = 0.9U_d$$

（4-6）

当负载为阻感性时，输出电流 i_o 的基波分量为：

$$i_{o1}(t) = \frac{4U_d}{\pi\sqrt{R^2 + (\omega L)^2}}\sin(\omega t - \phi)$$

（4-7）

式中：$\phi = \arctan(\omega L / R)$。

前面分析的都是 u_0 为正负电压各为 $180°$ 的脉冲的情况，要改变输出电压有效值只能通过改变 U_d 来实现。

在阻感负载时，还可以采用移相的方式来调节逆变电路的输出电压，称为移相调压。移相调压实际上是调节输出电压脉冲的宽度。在图 4-7 所示的单相全桥电压型逆变电路中，四个 IGBT 的栅极信号仍为 $180°$ 正偏，$180°$ 反偏，且 V_1、V_2 的栅极信号互补，V_3、V_4 的栅极信号互补不变，但 V_3 的栅极信号不是比 V_1 滞后 $180°$，而是滞后 $\theta(0 < \theta < 180°)$，这样 V_3、V_4 的栅极信号比 V_2、V_1 的栅极信号前移 $180° - \theta$，u_0 成为正负各为 θ 的脉冲，四个 IGBT 的栅极信号 $u_{G1} \sim u_{G4}$、输出电压 u_0 及输出 i_o 的波形如图 4-8 所示。下面对其工作原理进行具体分析。

设在 t_1 时刻前 V_1 和 V_4 导通，输出电压 u_0 为 U_d，t_1 时刻 V_3 和 V_4 栅极信号反向，V_4 截止，i_0 不能突变，故 V_3 不能立即导通，VD_3 导通续流，此时 V_1 和 VD_3 同时导通，输出电压为零。到 t_2 时刻 V_1 和 V_2 栅极信号反向，V_1 截止，V_2 不能立即导通，VD_2 导通续流，和 VD_3 构成电流回路，输出电压为 $-U_d$。到 i_0 过零并开始反向时，VD_2 和 VD_3 截止，V_2 和 V_3 导通，输出电压仍为 $-U_d$。t_3 时刻 V_3 和 V_4 栅极信号再次反向，V_3 截止，而 V_4 不能立即导通，VD_4 导通续流，输出电压再次为零。后面的过程和前面的类似，这里不再赘述，输出电压 u_0 波形的正负脉冲宽度就各为 θ，要改变输出电压有效值，改变 θ 即可。

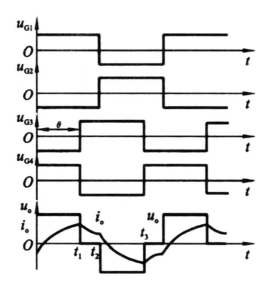

图 4-8 单相全桥电压型逆变电路的移相调压方式

二、三相电压型桥式逆变电路

（一）电路原理图

用三个单相逆变电路可组合成一个三相逆变电路，其中应用最广泛的是三相桥式电路。

三相桥式电压型逆变电路如图 4-9 所示，它的开关器件为 IGBT，电路可看成是由三个单相半桥逆变电路组成的。电路中直流侧通常只需一个电容即可，但为了便于分析，画成串联的两个电容器并标出了理想中点 N'。

（二）电路工作原理及波形

三相电压型逆变电路的基本工作方式也是 $180°$ 导电方式，即每个桥臂的导电角度为 $180°$，同一相上下两个桥臂交替导通，各相开始导通的角度依次相差 $120°$。这样，在任一瞬间有三个桥臂同时导通，可能是上面一个、下面两个臂，也可能是上面两个、下面一个臂。因为每次换流都是同一相上下两臂之间进行，故也称为纵向换流。

三相电压型逆变电路波形如图 4-10 所示。对于 U 相输出，当 V_1 导通时，$u_{UN} = U_d / 2$，当 V4 导通时，$u_{UN} = -U_d / 2$，因此，u_{UN} 的波形是幅值为 $U_d / 2$ 的矩形波。V、W 两相的波形的形状与 U 相类似，只是相位依次相差 $120°$。u_{UN}、u_{VN}、u_{WN} 的波形分别如图 4-10（a）、（b）、（c）所示。

负载线电压u_{UV}、u_{VW}、u_{WU}可由下式求出：

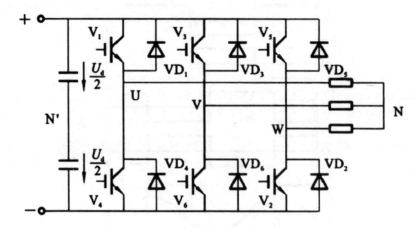

图 4-9 三相桥式电压型逆变电路

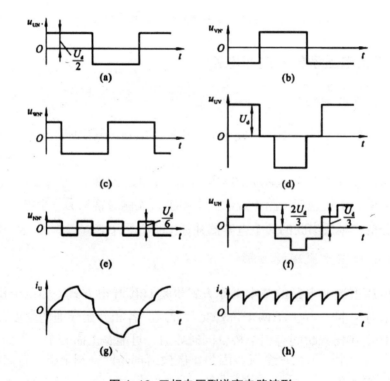

图 4-10 三相电压型逆变电路波形

$$\left.\begin{array}{l} u_{UV}=u_{UN}-u_{VN} \\ u_{VW}=u_{VN}-u_{WN} \\ u_{WU}=u_{WN}-u_{UN} \end{array}\right\}$$

（4-8）

图 4-10（d）画出了的 u_{UV} 的波形。

设负载中点 N 与 N' 之间的电压为 $u_{NN'}$，则负载各相的相电压分别为：

$$\left.\begin{array}{l} u_{UN} = u_{UN'} - u_{NN'} \\ u_{VN} = u_{VN'} - u_{NN'} \\ u_{WN} = u_{WN'} - u_{NN'} \end{array}\right\} \tag{4-9}$$

把式（4-8）和式（4-9）相加整理可得：

$$u_{NN'} = \frac{1}{3}\left(u_{UN'} + u_{VN'} + u_{WN'}\right) - \frac{1}{3}\left(u_{UN} + u_{VN} + u_{WN}\right) \tag{4-10}$$

设负载为三相对称负载，则 $u_{UN} + u_{VN} + u_{WN} = 0$，得：

$$u_{NN'} = \frac{1}{3}\left(u_{UN'} + u_{VN'} + u_{WN'}\right) \tag{4-11}$$

$u_{NN'}$ 的波形如图 4-9（e）所示。

由式（4-9）和式（4-11）可画出相电压 u_{UN} 的波形，如图 4-9（f）所示。u_{VN}、u_{WN} 两相的波形与 u_{UN} 类似，只是相位依次相差 $120°$。

负载参数已知时，可以由 u_{UN} 的波形求出 i_U 的波形，负载阻抗角不同，i_U 的波形形状也不同，图 4-10（g）给出了负载阻抗角小于 $60°$ 的 i_U 的波形。每一相上、下桥臂间的换流过程与半桥电路相似。i_V、i_W 的波形形状和 i_U 的相同。桥臂 1、3、5 的电流相加可得直流侧电流 i_d 的波形，如图 4-10（h）所示。可以看出 i_d 每 $60°$ 脉动一次，而直流侧电压是基本无脉动的，因此逆变电路从交流侧向直流侧传送的功率是脉动的，这也是电压型逆变电路的一个特点。

（三）相关参数计算

对三相桥式逆变电路的输出电压做定量分析，输出电压 u_{UV} 的傅里叶级数表达式为：

$$u_{UV} = \frac{2\sqrt{3}U_d}{\pi}\left(\sin\omega t - \frac{1}{5}\sin 5\omega t - \frac{1}{7}\sin 7\omega t + \frac{1}{11}\sin 11\omega t + \frac{1}{13}\sin\omega t - \cdots\right)$$

$$= \frac{2\sqrt{3}U_d}{\pi}\left[\sin\omega t + \sum_n \frac{1}{n}(-1)^k \sin n\omega t\right] \tag{4-12}$$

式中：$n = 6k + 1$，k 为自然数。

输出线电压有效值 U_{UV} 为：

$$U_{UV} = \sqrt{\frac{1}{2\pi}\int_0^{2\pi} u_{AB}^2 \, \mathrm{d}\omega t} = 0.816U_d \tag{4-13}$$

基波幅值 U_{UV1m} 为：

$$U_{UV1m} = \frac{2\sqrt{3}U_d}{\pi} = 1 \cdot 1 U_d \tag{4-14}$$

基波有效值 U_{UV1} 为：

$$U_{UV1} = \frac{U_{AB1m}}{\sqrt{2}} = \frac{\sqrt{6}}{\pi}U_d = 0.78U_d \tag{4-15}$$

负载相电压的傅里叶级数表达式为：

$$u_{UV} = \frac{2U_d}{\pi}\left(\sin\omega t + \frac{1}{5}\sin 5\omega t + \frac{1}{7}\sin 7\omega t + \frac{1}{11}\sin 11\omega t + \frac{1}{13}\sin\omega t - \cdots\right)$$

$$= \frac{2U_d}{\pi}\left[\sin\omega t + \sum_n \frac{1}{n}\sin n\omega t\right] \tag{4-16}$$

输出相电压有效值 U_{UN} 为：

$$U_{UN} = \sqrt{\frac{1}{2\pi}\int_0^{2\pi} u_{AN}^2 \, \mathrm{d}\omega t} = 0.471U_d \tag{4-17}$$

基波幅值 U_{UN1m} 为：

$$U_{UN1m} = \frac{2}{\pi}U_d = 0.637U_d \tag{4-18}$$

基波有效值 U_{UN1} 为：

$$U_{UN1} = \frac{U_{AN1m}}{\sqrt{2}} = 0.45U_d \tag{4-19}$$

在上述采用180°导电方式中，为了防止同一相上下两桥臂的开关器件同时导通而引起直流侧电源短路，应采取"先断后通"的方法。即先给应关断的器件关断信号，待其关断后留一定的时间裕量（死区时间），然后再给应导通的器件发出开通信号。死区时间的长短由器件的开关速度而定，器件的开关速度越快，所留的死区时间就越短。"先断后通"的方法也适用于上下桥臂通断互补方式下的其他电路，如前述的单相半桥电路和全桥逆变电路。

第三节 电流型逆变电路

电流型逆变电路出现在电压型逆变电路之后，随着晶闸管耐压水平的提高，电流型逆变电路发展较快，其电路结构简单，用于交流电动机调速时实现再生制动，不需附加其他电路，发生短路时危险较小。电流型逆变电路对晶闸管的耐压要求高、适用于对动态特性要求高，调速范围大的交流调速系统。电流型逆变电路一般在直流侧串联大电感，电流脉动小，可近似视为直流电流源。它的特点如下。

1. 直流侧串联大电容，直流侧电流基本无脉动，相当于电流源。
2. 交流侧输出电流为矩形波，输出电压波形和相位因负载阻抗不同而不同。
3. 直流侧电感起缓冲无功能量的作用，故不必给开关器件反并联二极管。

在电流型逆变电路中，采用半控型器件晶闸管的电路较多，其换流方式有负载换流和强迫换流。

一、单相电流型逆变电路

（一）电路原理图

单相桥式电流型逆变电路原理图如图 4-11 所示，它由四个桥臂构成，每个桥臂串联一个电抗器 L_T 以限制晶闸管开通时的 d_i / d_t，各桥臂之间不存在互感。让桥臂 1、4 和桥臂 2、3 以 1000~2500Hz 的中频轮流导通，在负载上就可以得到中频交流电。

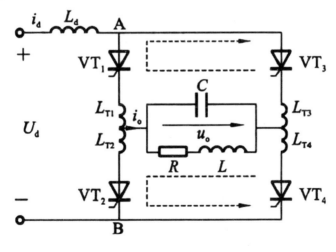

图 4-11 单相桥式电流型逆变电路原理图

该电路采用负载换流方式工作，要求负载电流略超前负载电压，实际负载一般是电磁感应线圈，用来加热置于线圈内的钢料。图 4-11 中 R 和 L 串联为感应线圈的等效电路，并联补偿电容 C，用来提高功率因数。C 和 R、L 构成并联谐振电路，这种逆变电路也称为并联谐振式逆变电路。并联电容 C 使负载电路呈现容性，负载电流相位超前负载电压，达到负载换流关断晶闸管的目的。

因为是电流型逆变电路，故其输出电流波形接近矩形波，其中包含基波和各奇次谐波，且谐波幅值远小于基波。因基波频率接近负载电路谐振频率，故负载对基波呈高阻抗性，对谐波呈低阻抗性，谐波在负载电路上产生的压降很小，因此负载电压的波形接近正弦波。

（二）电路工作原理及波形

图 4-12 所示是单相桥式电流型逆变电路的工作波形，在交流电流的一个周期内，有两个稳定的导通阶段和两个换流阶段。

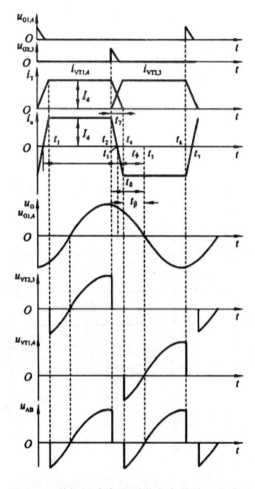

图 4-12 单相桥式电流型逆变电路的工作波形

在 $t_1 \sim t_2$ 时刻，晶闸管 VT_1、VT_4 稳定导通，负载电流 $i_o = I_d$，近似为恒值，此阶段负载上建立了左正右负的电压。

$t_2 \sim t_4$ 时段为换流时段。在 t_2 时刻触发晶闸管 VT_2、VT_3，因在 t_2 之前 VT_2、VT_3 阳极电压等于负载电压，为正值，故 VT_2、VT_3 导通，逆变电路进入换流阶段。因每个晶闸管都串有换流电抗器 L_T，故 VT_1、VT_4 在 t_2 时刻不能立即关断，电流由 I_d 逐渐减小，而 VT_2、VT_3 上的电流会由零逐渐增大。t_2 时刻后，四个晶闸管同时导通，负载电容电压经两个并联的放电回路同时放电。一个回路是经 L_{T1}、VT_1、VT_3、L_{T3} 回到电容 C；另一个回路是经 L_{T2}、VT_1、VT_3、L_T 回到电容 C。在这个工作过程中 VT_1、VT_4 电流逐渐减小，VT_2、VT_3 电流逐渐增大。但 t_4 时刻，VT_1、VT_4 电流减至零而关断，直流侧电流全部从 VT_1、VT_4 转移到 VT_2、VT_3，换流阶段结束。在换流期间，四个晶闸管同时导通，由于时间短及大电感 L_d 的恒流作用，电源不会短路，$t_4 - t_2 = t_\gamma$ 称为换流时间。

晶闸管在电流减小到零后，还需要一段时间才能恢复正向阻断能力。因此，为了保证晶闸管可靠关断，在换流结束后还要使 VT_1、VT_4 承受一段反压时间 t_β，$t_\beta = t_5 - t_4$ 应大于晶闸管关断时间 t_q。如果 VT_1、VT_4 尚未恢复阻断能力就加上了正向电压，会重新导通，使逆变失败。

$t_4 \sim t_6$ 时段是 VT_2、VT_3 稳定导通阶段，t_6 之后又进入从 VT_2、VT_3 向 VT_1、VT_4 导通的换流阶段，分析过程与前面类似。

为了保证可靠换相，应在负载电压过零前 $t_\delta = t_5 - t_2$ 时刻触发 VT_2、VT_3，t_δ 称为触发引前时间，从图 4-11 可得：

$$t_\delta = t_\gamma + t_\beta \tag{4-20}$$

从图 4-11 中还可看出负载电流超前负载电压的时间 t_ψ 为：

$$t_\phi = t_\gamma / 2 + t_\beta \tag{4-21}$$

因此，负载的功率因数角 ϕ 为：

$$\phi = \omega \left(t_\gamma / 2 + t_\beta \right) \tag{4-22}$$

（三）相关参数计算

如果忽略换流过程，输出电流 i_o 可近似看成矩形波，其傅里叶级数表达式为：

$$i_o = \frac{4I_d}{\pi} \left(\sin \omega t + \frac{1}{3} \sin 3\omega t + \frac{1}{5} \sin 5\omega t + \cdots \right) \tag{4-23}$$

其电流基波有效值 I_{o1} 为

$$I_{o1} = \frac{4I_d}{\sqrt{2}\pi} = 0.9I_d \tag{4-24}$$

忽略逆变电路的功率损耗，则逆变电路输入的有功功率等于输出的基波功

率，即

所以

$$P_o = U_d I_d = U_o I_{o1} \cos\phi \tag{4-25}$$

$$U_o = \quad = 1.11 U_d / \cos\phi \tag{4-26}$$

中频输出功率为：

$$P_o = U_o^2 / R_1 \tag{4-27}$$

式（4-27）中，U_0 为输出电压有效值，R_1 为对应于某一功率角 ϕ 时，负载阻抗的电阻分量，将式（4-26）代入式（4-27）得：

$$P_o = 1.23 U_d^2 / \cos\phi^2 R_1 \tag{4-28}$$

由式（4-28）可见，调节直流电压或改变逆变角都能改变中频输出功率的大小。

二、三相电流型桥式逆变电路

（一）电路原理图

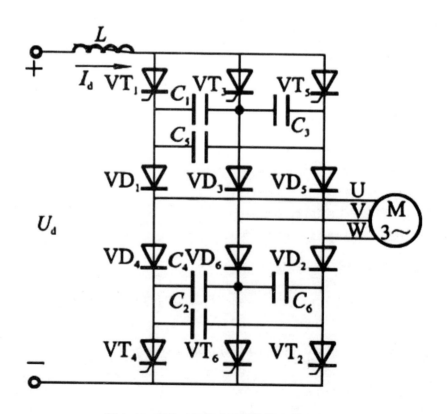

图 4-13 串联二极管式晶闸管逆变电路

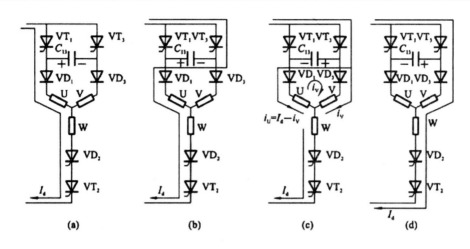

图 4-14 换流过程各阶段的电流路径

随着全控器件的不断发展，应用晶闸管逆变的电路越来越少，但图 4-13 所示的串联二极管式晶闸管逆变电路仍应用较多，其主要用于中大功率交流电动机调速系统。图中 $VT_1 \sim VT_6$ 组成三相桥式逆变电路，$C_1 \sim C_6$ 为换流电容，$VD_1 \sim VD_6$ 为隔离二极管，其作用是防止换流电容直接通过负载放电，使逆变桥具有足够的换流能力。这种电路的基本工作方式为 120° 导电方式，与三相桥式整流电路类似，即 VT_1 到 VT_6 按顺序每隔 60° 依次导通，每一个臂一周期内导通120°，每时刻上下桥臂组各有一个臂导通，并且在上桥臂组或下桥臂组依次换流，称为横向换流。

（二）电路工作原理及波形

现以 VT_1、VT_2 稳定导通时 [如图 4-14 （a）所示]，触发 VT_3，使 VT_1 关断的换流过程为例来说明其电路工作原理。

假设逆变电路已进入稳定工作状态，换流电容已充电，其充电规律为：对于共阳极晶闸管，电容器与导通晶闸管相连接的一端极性为正，另一端为负，不与晶闸管相连的电容器电压为零；共阴极晶闸管与共阳极情况类似，只是电容电压极性相反。在分析换流过程中，常用到等效换流电容的概念，在分析 VT_1 向 VT_3 换流时，换流电容 C_{13} 就是 C_3 与 C_5 串联后再与 C_1 并联的等效电容，设 $C_1 \sim C_6$ 的电容均为 C，则 $C_{13} = 1.5C$。

1. 恒流放电阶段

在 t_1 时刻触发晶闸管 VT_3，由于 C_{13} 电压的作用，使 VT_3 导通，而 VT_1 被施以反向电压关断。直流电流 I_d 从 VT_1 换到 VT_3，C_{13} 通过 VD_1、U 相负载、W 相负载、VD_2、VT_2、直流电源和 VT_3 放电，如图 4-14 （b）所示。因放电电流恒为 I_d，故

称恒流放电阶段。在 C_{13} 承受的电压下降到零之前，VT_1 两端一直为反压，只要承受反压的时间大于晶闸管关断时间 t_q，就能保证可靠关断。

2. 二极管换流阶段

在 t_2 时刻 C_{13} 的电压降为零，之后在 U 相负载电感的作用下，开始对 C_{13} 反向充电。若忽略负载电阻压降，则二极管 VD_3 导通，导通电流为 i_V，而 VD_1 电流为 $i_U = I_d - i_V$，两个二极管同时导通，进入二极管换流阶段，如图 4-14（c）所示。随着 C_{13} 充电电压增高，充电电流减小，i_V 增大，t_3 时刻 i_U 减到零，$i_V = I_d$，VD_1 承受反压而关断，二极管换流阶段结束。

在 t_3 时刻以后，进入 VT_2、VT_3 稳定导通阶段，电流路径如图 4-14（d）所示。

三相桥式电流型逆变电路的输出电流与线电压波形如图 4-15 所示，可以看出，输出电流波形与负载性质无关，为正负脉冲 120° 的矩形波。输出线电压波形与负载性质有关，大体为正弦波，但叠加了一些脉冲，这是由逆变电路的换流过程而产生的。

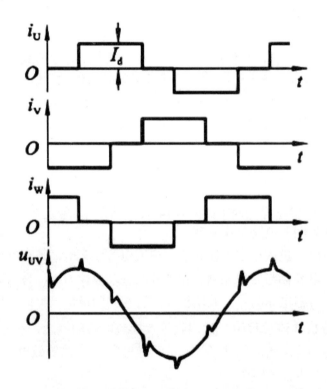

图 4-15 三相桥式电流型逆变电路的输出波形

第四节 多重逆变电路和多电平逆变电路

在前面介绍的逆变电路中，对电压型逆变电路来说，输出电压是矩形波；对电流型逆变电路来说，输出电流是矩形波，两者输出都为矩形波，与正弦波相差甚远，含有较多的谐波分量，对负载会产生不利的影响。为了减少矩形波中所含的谐波，常常采用多个逆变电路，使它们输出相同频率的矩形波在相位上移开一定的角度进行叠加，以减少谐波，从而获得接近正弦波的波形。也可以改变电路结构，构成多电平逆变电路，它能输出较多的电平，从而使输出电压向正弦波靠近。下面对这两类电路分别进行介绍。

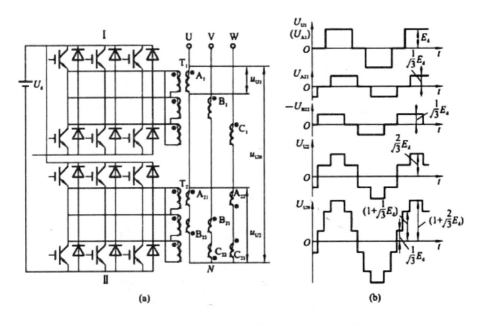

图 4-16 三相电压型二重逆变电路及工作波形

一、多重逆变电路

电压型逆变电路和电流型逆变电路都可以实现多重化，下面以电压型逆变电路为例进行说明。

在图 4-16（a）中，逆变器 I 和逆变器 II 是电路结构完全相同的两个电压型逆变器，两电路输出电压频率相同，相位上错开30°，因此，可把它们分别称为

"0°三相桥"和"30°三相桥"。两个电压型逆变器的输出变压器的一次侧绕组一样，而30°桥的二次侧每相有两个绕组，且匝数是0°桥二次侧绕组的 $\frac{1}{\sqrt{3}}$。画出其输出波形，见图4-16（b），从波形图可看出，输出相电压的波形接近正弦波。

通常对电压型逆变电路，将输出变压器进行串联叠加，而电流型逆变电路，输出端则采用并联叠加，这里不再详述。

二、多电平逆变电路

先回顾一下三相电压型桥式逆变电路的波形，对于其中任何一相，电路输出的相电压有 $U_d/2$ 和 $-U_d/2$ 两种电平，这种电路称为二电平逆变电路，这种电路在需要承受高压的场合不太适用，而且输出波形不太理想。多电平电路可以解决这些问题，其中出现最早、使用较多的是中点钳位型逆变电路，下面重点介绍中点钳位型三电平逆变电路。

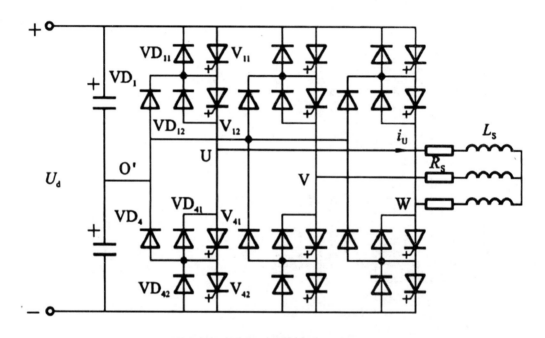

图4-17 中点钳位型三电平逆变电路

图4-17所示为中点钳位型三电平逆变电路，该电路的每个桥臂由两个全控器件反并联二极管组成，一个桥臂的两个全控器件的中点通过钳位二极管和直流侧电容的中点相连接。通过分析三电平逆变电路的原理，可以得出任何一相的相电压都有 $U_d/2,0$ 和 $-U_d/2$ 三种电平，采用适当的控制技术，三电平逆变电路的谐波可大大少于两电平电路。

第五节 PWM 逆变电路

在实际应用中，大部分电力电子负载都要求逆变电路的输出电压、电流、功率以及频率能够得到有效和灵活的控制。而前面介绍的电压型和电流型方波逆变电路存在较多的缺点：1. 输出波形中含有较多的谐波，对负载不利；2. 输入电流谐波含量大，功率因数低；3. 电压调节困难，响应较慢。所以，实际的逆变电路基本都采用 PWM 控制方式。PWM 控制方式也正是由于在逆变电路中的成功应用，才在电力电子装置中得到了广泛应用。

PWM（pulse width modulation）控制方式即脉冲宽度调制技术，是指通过对一系列脉冲的宽度进行调制，来等效地获得所需波形（含形状和幅值）的一种控制技术。直流斩波电路中就已经接触到了 PWM 控制技术，斩波电路把直流电压"斩"成一系列宽度可调的脉冲，通过改变占空比可以改变脉冲宽度，从而获得所需要的输出电压。斩波电路中输入电压和所需要的输出电压都是直流电压，所以脉冲是等幅不等宽的，这是 PWM 控制中最简单的一种情况。下面首先介绍 PWM 控制的基本原理。

一、PWM 控制的基本原理

PWM 控制的理论基础是面积等效原理，即冲量相等而形状不同的窄脉冲加在具有惯性的环节上时，其效果基本相同。这里所说的"冲量"指窄脉冲的面积，"效果基本相同"是指环节的输出响应波形基本相同。

如图 4-18 所示，图中给出了四个形状不同的窄脉冲，但它们的面积（即冲量）都等于 1，当将它们分别加到图 4-19（a）所示具有惯性的同一 R-L 电路中，所得到的响应如图 4-19（b）所示。从图 4-19（b）可以看出，分别以四个窄脉冲作为输入加在 R-L 电路中得到的电流波形非常接近。

在直流斩波电路中，是利用等幅不等宽的 PWM 波来等效直流波形。实际上，PWM 波形还可以等效任何其他所需的波形，如正弦波形。在逆变电路中用得最多的 SPWM（sinusoidal PWM）控制即是用 PWM 波形来等效正弦波形的。本节讨论的 PWM 控制实际上是 SPWM 控制。下面以一个正弦半波为例，说明 SPWM 波形是如何产生的。

图 4-20 所示为一正弦半波波形，将其 N 等分，即可以看成 N 个彼此相连的脉冲序列所组成的波形。这些脉冲宽度相等，均为 x/N，并把正弦曲线每一等份

所包围的面积都用一个与其面积（冲量）相等的等幅矩形脉冲来代替，且矩形脉冲的中点与相应正弦等分的中点重合，则矩形脉冲宽度按正弦规律变化，如图 4-20 所示脉冲序列，这就是 PWM 波形。正弦波的负半波可以用相同的办法来等效。可以看出，该脉冲的宽度按正弦规律变化从而和正弦波等效的 PWM 波，称为 SPWM（sinusoidal pulse width modulation）波形。

二、SPWM 逆变电路的控制方法

逆变电路中产生 SPWM 波的方法主要有三种，即计算法、调制法和跟踪法。

（一）计算法

根据 PWM 控制的基本原理，如果给出了逆变电路的正弦波频率、幅值和半周期脉冲基数，PWM 波形中各脉冲的宽度和间隔就可以准确计算出来。按照计算结果控制逆变电路中各开关器件的通断，就可以得到所需要的 PWM 波形。这种方法称之为计算法。可以看出，计算法是很烦琐的，当需要输出的正弦波的频率、幅值或相位变化时，结果都要变化。

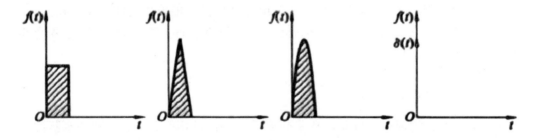

图 4-18 四种形状不同而冲量相同的窄脉冲

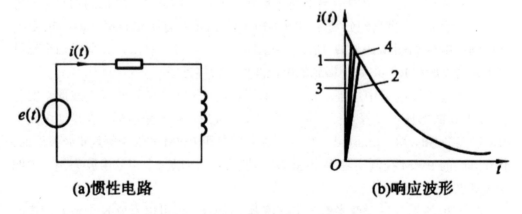

(a)惯性电路   (b)响应波形

图 4-19 惯性电路及窄脉冲产生的电流响应

（二）调制法

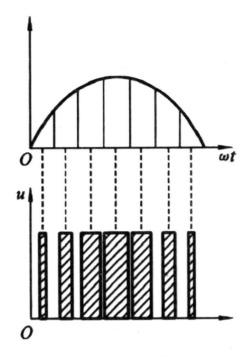

图 4-20 SPWM 波形

与计算法相对应的是调制法，即把希望输出的波形作为调制信号，把接收调制的信号作为载波。通过对信号波的调制得到所期望的 PWM 波形。通常采用等腰三角波或锯齿波作为载波，其中等腰三角波作为载波应用最多。因为等腰三角波上任一点的水平宽度和高度成线性关系且左右对称，当它与任何一个平缓变化的调制信号波相交时，如果在交点时刻对电路中开关器件的通断进行控制，就可以得到宽度正比于信号波幅值的脉冲，这正好符合 PWM 控制的要求。在调制信号波为正弦波时，所得到的就是 SPWM 波形，这种情况应用最广；当调制信号不是正弦波，而是其他所需要的波形时，也能得到与之等效的 PWM 波。

实际中应用的主要是调制法，下面结合具体电路对这种方法作进一步说明。

图 4-21 是采用 IGBT 作为开关器件的单相桥式 SPWM 逆变电路，SPWM 逆变电路和前面讲过的方波逆变电路的主电路一致，区别在于控制方式，也就是控制电路。图中调制信号波 u_r 为正弦波，载波 u_c 为三角波。

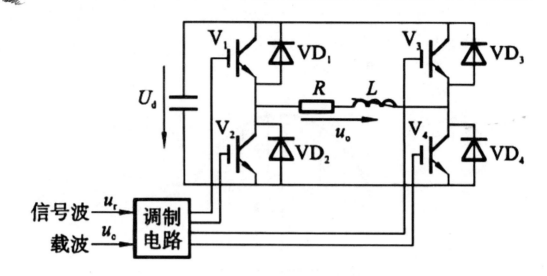

图 4-21 采用调制法的单相桥式 SPWM 逆变电路

　　根据三角载波 u_c 的极性，调制法又分为单极性 PWM 调制和双极性 PWM 调制两种。载波（三角波）在调制信号波 u_r 半个周期内只在一个方向变化，所得到的 SPWM 波形也只在一个方向变化，这种控制方式称为单极性 SPWM 控制方式。单极性 SPWM 控制方式的波形如图 4-22 所示：u_r 为正弦波，载波 u_c 在 u_r 的正半周为正极性三角波，在 u_r 的负半周为负极性三角波。

　　在图 4-21 中：（1）在 u_r 的正半周，若控制 V_1 保持导通状态，V_2 保持断开状态。当调制信号大于载波信号，即 $u_r > u_c$ 时，使 V_4 导通，V_3 关断，则 $u_o = U_d$；当 $u_r < u_c$ 时，控制 V_4 关断，则负载电流通过 V_1 和 VD_3 续流，则 $u_0 = 0$。（2）在 u_r 的负半周，若控制 V_1 保持断开状态，V_2 保持导通状态。当调制信号小于载波信号，即 $u_r < u_c$ 时，使 V_3 导通，V_4 关断，则 $u_o = -U_d$。当 $u_r > u_c$ 时，控制 V_3 关断，则负载电流通过 V_2 和 VD_4 续流，则 $u_0 = 0$。

　　按照这样的控制规律控制主开关器件，则可以得到图 4-22 所示的 SPWM 电压 u_0 的波形。

　　图 4-21 中的单极性 SPWM 控制方式的调制电路可由图 4-23 所示实现，即调制信号波正弦波 u_r 和载波 u_c 进入该电路，输出的信号 U_{G1}、U_{G2}、U_{G3}、U_{G4} 分别对应为四个开关管的驱动控制信号。

　　和单极性 SPWM 控制方式对应的是双极性 SPWM 控制方式。在双极性控制方式中，载波（三角波）在 u_r 半个周期内极性有正有负，所得到的 PWM 波形也有正有负。如图 4-24 所示为双极性 SPWM 控制方式的波形。

　　在图 4-21 中：（1）当 $u_r > u_c$ 时，若控制 V_1 和 V_4 导通，控制 V_2 和 V_3 关断，

则 $u_o = U_d$；（2）当 $u_r < u_c$ 时，若控制 V_2 和 V_3 导通，控制 V_1 和 V_4 关断，则 $u_0 = -U_d$；按照这样的控制规律控制主开关器件，则可以得到图 4-24 所示的 SPWM 电压 u_0 的波形。

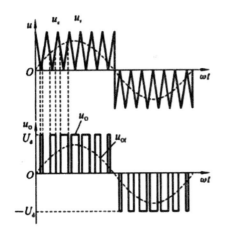

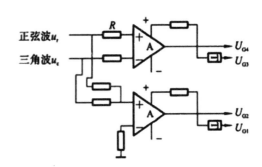

图 4-22 单极性 SPWM 控制方式的波形　　图 4-23 单极性 SPWM 控制方式的调制电路

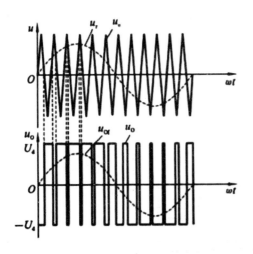

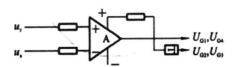

图 4-24 双极性 SPWM 控制方式的波形　　图 4-25 双极性 SPWM 控制方式的调制电路

　　双极性 SPWM 控制方式的调制电路可由图 4-25 所示实现，即调制信号波正弦波 u_r 和载波 u_c 进入该电路，输出的信号 U_{G1}、U_{G2}、U_{G3}、U_{G4} 分别对应为四个开关管的驱动控制信号。

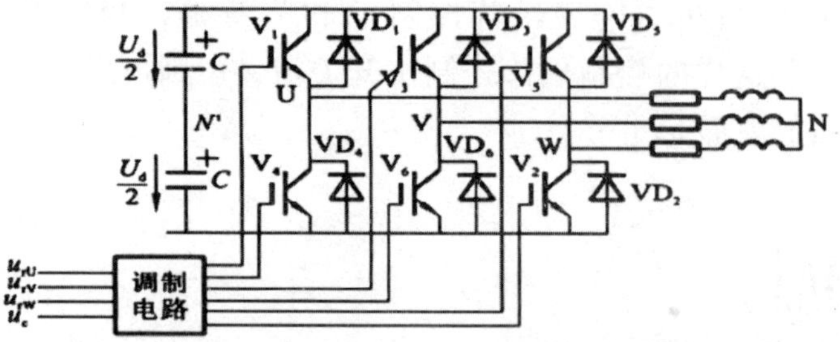

图 4–26 三相桥式 PWM 逆变电路

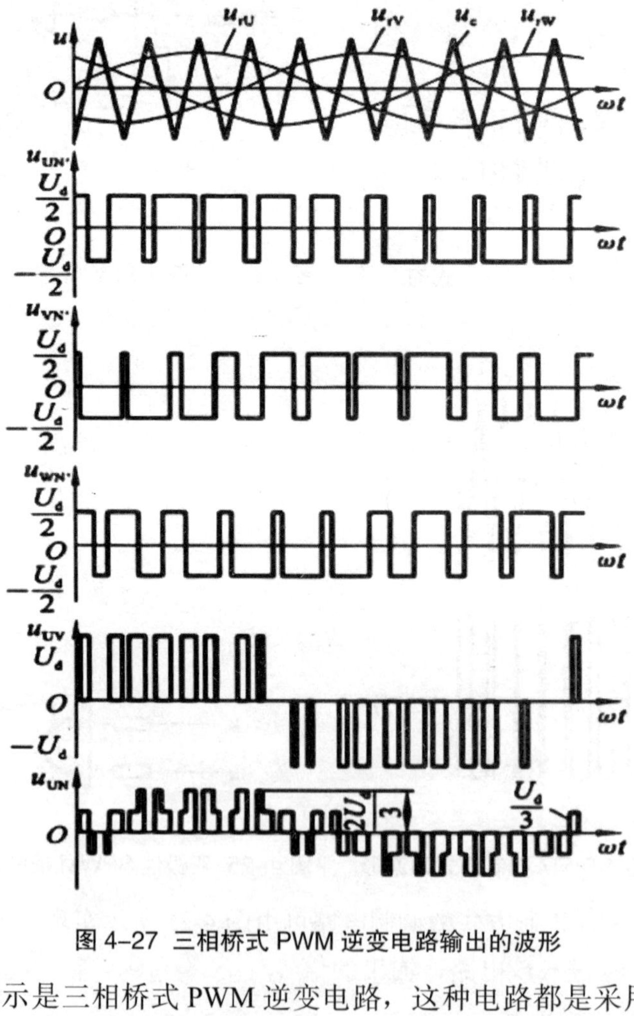

图 4–27 三相桥式 PWM 逆变电路输出的波形

图 4-26 所示是三相桥式 PWM 逆变电路，这种电路都是采用双极性调制。U、V 和 W 的三相的 PWM 控制通常公用一个三角波载波 u_c，三相的调制信号 u_{rU}、u_{rV} 和 u_{rW} 依次相差120°。U、V 和 W 各相功率开关器件的控制规律相同，现以 U 相为例来说明。当 $u_{rU} > u_c$ 时，给上桥臂 V_1 以导通信号，给下桥臂

V_4 以关断信号，则 U 相对于直流电源假想中点 N' 的输出电压 $u_{uN} = U_d / 2$。当 $u_r < u_c$ 时，给 V_4 以导通信号，给 V_1 以关断信号，则 $u_{uN} = -U_d / 2$。V_1 和 V_4 的驱动信号始终是互补的。当给 $V_1(V_4)$ 加导通信号时，可能是 $V_1(V_4)$ 导通，也可能是二极管 $VD_1(VD_4)$ 续流导通，这要由阻感负载中电流的方向来决定，这和单相桥式 PWM 逆变电路在双极性控制时的情况相同。V 相及 W 相的控制方式都和 U 相同。电路的波形如图 4-27 所示。可以看出，U_{UN}、U_{VN} 和 U_{WN} 的 PWM 波形都只有 $\pm U_d / 2$ 两种电平。图中线电压 U_{UV} 的波形可由 $U_{UN} - U_{WN}$ 得出。可以看出，当桥臂 1 和 6 导通时，$U_{UV} = U_d$，当桥臂 3 和 4 导通时，$U_{UV} = -U_d$，当桥臂 1 和 3 或桥臂 4 和 6 导通时，$U_{UV} = 0$。因此，逆变器的输出线电压 PWM 波由 $\pm U_d$ 和 0 三种电平构成。参考本章前叙"三相电压型桥式逆变电路"分析可求得：

$$u_{UN} = u_{UN} - \frac{1}{3}\left(u_{UN} + u_{VN} + u_{WN}\right)$$

从波形图和上式可以看出，负载相电压的 PWM 波由 $(\pm 2/3)U_d (\pm 1/3)U_d$ 和 0 共五种电平组成。

在电压型逆变电路的 PWM 控制中，同一相上下两个桥臂的驱动信号都是互补的。但实际上为了防止上下两个桥臂直通而造成短路，在上下两桥臂通断切换时要留一小段上下桥臂都施加关断信号的死区时间。死区时间的长短主要由功率开关器件的关断时间来决定。这个死区时间将会给输出的 PWM 波形带来一定影响，使其稍稍偏离正弦波。

（三）规则采样法

采用调制法产生 PWM 脉冲的关键问题是如何得到每个 PWM 脉冲的起始和终止时刻：如前所述，在正弦波和三角波的自然交点时刻控制功率开关器件的通断，这种生成 SPWM 波形的方法称为自然采样法。自然采样法得到的 SPWM 波形较接近正弦波。但这种方法要求求解复杂的超越方程，在采用微机控制技术时需要花费大量的计算时间，难以在实时控制中在线计算，因而在工程上的实际应用不多。在目前的计算机控制系统中采用的规则采样法，其效果与自然采样法接近，但计算便捷且易于实现。

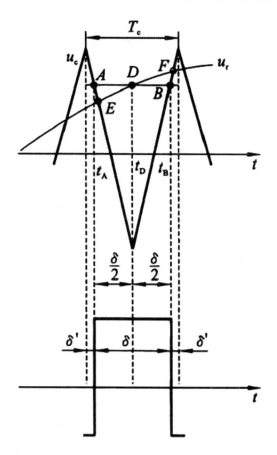

图 4-28 规则采样法

在图 4-28 中，E、F 为自然采样法的交点，A、B 为规则采样法对应的交点。在三角波的负峰时刻 t_D 对正弦波采样，得到 D 点，过 D 点作一水平直线和三角波分别交于 A 和 B 点，在 A 点时刻 t_A 和 B 点时刻 t_B 控制功率开关器件的通断。

设正弦调制信号波为：

$$u_r = a \sin \omega_r t$$

式中：a 称为调制度，$0 \leqslant a < 1$；ω_r 为正弦信号波角频率。

从图 4-28 中的相似三角形关系可得到如下关系：

$$\frac{1 + a \sin \omega_r t}{\dfrac{\delta}{2}} = \frac{2}{\dfrac{T_c}{2}}$$

式中：T_c 为载波周期。

由此可得：

$$\delta = \frac{T_c}{2}\left(1 + a \sin \omega_r t_D\right)$$

用规则采样法得到的脉冲宽度和用自然采样法得到的脉冲宽度非常接近，但计算简洁得多。

（四）异步调制和同步调制

在 PWM 控制电路中，调制法中的载波频率 f_c 与调制信号频率 f_r 之比称为载波比 N，即

$$N = \frac{f_c}{f_r}$$

根据载波和信号波是否同步及载波比的变化情况，PWM 调制方式可分为异步调制和同步调制两种。

1. 异步调制

载波信号和调制信号不同步的调制方式称为异步调制。通常载波频率 f_c 保持固定不变，当调制信号频率 f_r 变化时，载波比 N 是变化的。异步调制的缺点是当调制信号频率 f_r 变大时，载波比 N 减小，一周期内的脉冲数将减少，导致输出 PWM 波和正弦波的差异变大，谐波增多。因此，在采用异步调制方式时，希望采用较高的载波频率，以使在信号波频率较高时仍能保持较大的载波比。

2. 同步调制

载波比 N 等于常数，并在变频时，使载波频率 f_c 和调制信号频率 f_r 的变化保持同步的调制方式称为同步调制。同步调制的缺点是当调制信号频率 f_r 很低时，载波频率也很低，由调制带来的谐波不易滤除。当 f_r 很高时，f_c 会过高，使开关器件难以承受过高的开关频率。

为了克服上述缺点，可以采用分段同步调制的方法。

3. 分段同步调制

分段同步调制是指把调制信号频率 f_r 划分为若干频率段，每个频率段内都保持载波比 N 恒定，不同频率段的载波比 N 不同，实现分段同步，从而有效地克服上述的缺点。

图 4-29 列举了一个分段同步调制方式的例子，图中载波频率 f_c 在 1.4kHz ~ 2kHz 之间，当调制信号频率 f_r 由小变大时，载波比 N 的变化范围为 201 ~ 21。

采用分段调制时，应避免由于输出频率的变化引起载波比的反复切换。在切换点附近设置一定大小的滞环区域是常用的方法之一。图 4-28 中的虚线轨迹表示频率 f_r 减小时的切换频率，实线轨迹表示频率 f_r 增大时的切换频率。

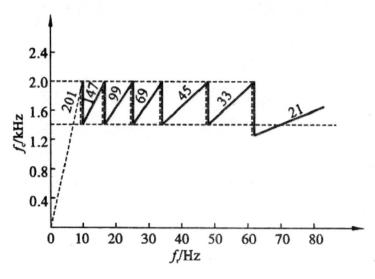

图 4-29 分段同步调制方式举例

（五）跟踪法

跟踪法是把希望输出的电压或电流波形作为指令信号，把实际的电压或电流波形作为反馈信号，通过两者的瞬时值比较来决定逆变电路各开关器件的通断，使实际的输出跟踪指令信号变化。可以看出这种方法是一种闭环实时控制，具有响应快、精度高的优点。跟踪法中常用的是滞环比较法。

跟踪型 PWM 变流电路中，电流跟踪控制应用最多。图 4-30 给出了采用滞环电流跟踪型 PWM 逆变电路的原理图及波形，其主电路是单相半桥式逆变电路。

如图 4-30（a）所示，由电流传感器检测负载电流，检测到的电流信号 i 和正弦指令信号 i^* 相比较，以偏差 $i^* - i$ 作为滞环比较器的输入，滞环比较器的输出控制开关的通断。当 V_1（或 VD_1）导通时，$u_o = U_d / 2$，负载电流 i 增大；当 V_2（或 VD_2）导通时，$u_o = -U_d / 2$，负载电流 i 减小。这样通过环宽为 $2\Delta I$ 的滞环比较器的控制，负载电流 i 就被限制在 $i + \Delta i$ 和 $i^* - \Delta i$ 范围内波动，呈锯齿状地跟踪指令电流 i^*，跟踪波形如图 4-30（b）所示。

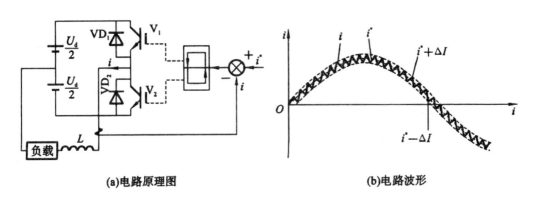

(a)电路原理图 　　　　　　　　　　　　　(b)电路波形

图 4-30 采用滞环电流跟踪型 PWM 逆变电路的原理图及波形

实际的滞环控制系统中，两个参数对跟踪性能的影响较大。一个参数是滞环的环宽 ΔI，当环宽过宽时，则开关频率过低，跟踪误差大；环宽过窄时，跟踪误差小，但开关频率过高，开关损耗大。另一个参数是电抗器 L 的大小，L 大时，i 的变化率小，跟踪慢；L 小时，i 的变化率大，开关频率过高。

电流跟踪型以逆变器输出电流作为控制对象，通过切换逆变器的输出电压达到直接控制电流的目的，它兼有电压型逆变器和电流型逆变器的优点。由于它可实现对电机定子电流的在线自适应控制，因而电流的动态响应速度快，系统运行受负载参数的影响小，逆变器结构简单，电流谐波少。电流跟踪型的这些特点使其特别适用于高性能的交流电机调速系统。

三、PWM 逆变电路的谐波分析

PWM 逆变电路可以使输出电压、电流接近正弦波，但由于使用载波对正弦信号波调制，也产生了和载波有关的谐波分量。这些谐波分量的频率和幅值是衡量 PWM 逆变电路性能的重要指标之一，因此有必要对 PWM 波形进行谐波分析。这里主要分析常用的双极性 SPWM 波形。

同步调制可以看成是异步调制的特殊情况，因此只分析异步调制方式就可以了。采用异步调制时，不同信号波周期的 PWM 波形是不同的，因此无法直接以信号波周期为基准进行傅里叶分析。以载波周期为基础，再利用贝塞尔函数可以推导出 PWM 波的傅里叶级数表达式，但这种分析过程相当复杂，其结论却是很简单而直观的。因此，这里只给出典型分析结果的频谱图，从中可以对其谐波分布情况有一个基本的认识。

图 4-31 给出了不同调制度 a 时的单相桥式 PWM 逆变电路在双极性调制方式下输出电压的频谱图。其中所包含的谐波角频率为：

$$n\omega_c \pm k\omega_r$$

式中：$n = 1, 3, 5, \cdots$ 时，$k = 0, 2, 4, \cdots$；$n = 2, 4, 6, \cdots$ 时，$k = 1, 3, 5, \cdots$。

可以看出，其 PWM 波中不含有低次谐波，只含有角频率为 ω_c 及其附近的谐波，以及 $2\omega_c$、$3\omega_c$ 等及其附近的谐波。在上述谐波中，幅值最高、影响最大的是角频率为 ω_c 的谐波分量。

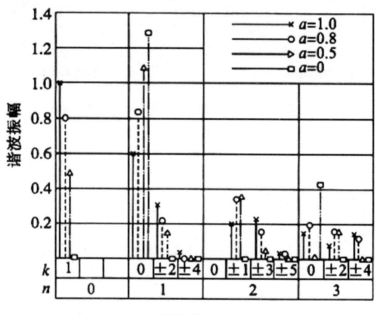

图 4-31 单相桥式 PWM 逆变电路输出电压频谱图

三相桥式 PWM 逆变电路可以每相各有一个载波信号，也可以三相公用一个载波信号。这里只分析应用较多的公用载波信号时的情况。在其输出线电压中，所包含的谐波角频率为：

$$n\omega_c \pm k\omega_r$$

式中：$n = 1, 3, 5, \cdots$ 时，$k = 3(2m-1) \pm 1 (m = 1, 2, \cdots)$；

$n = 2, 4, 6$ 时，$k = 6m+1(m = 0, 1, \cdots); k = 6m-1(m = 1, 2, \cdots)$。

图 4-32 给出了不同调制度 a 时的三相桥式 PWM 逆变电路输出线电压的频谱图。和图 4-31 所示单相电路时的情况相比较，共同点是都不含低次谐波，一个较显著的区别是载波角频率 ω_c 整数倍的谐波没有了，谐波中幅值较高的是 $\omega_c \pm 2\omega_r$ 和 $2\omega_c \pm \omega_r$。

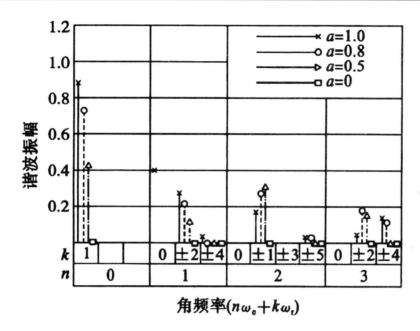

图 4-32 三相桥式 PWM 逆变电路输出线电压频谱图

上述分析都是在理想条件下进行的。在实际电路中，由于采样时刻的误差以及为避免同一相上下桥臂直通而设置的死区的影响，谐波的分布情况将更为复杂。一般来说，实际电路中的谐波含量比理想条件下要多一些，甚至还会出现少量的低次谐波。

从上述分析中可以看出，SPWM 波形中所含的谐波主要是角频率为 ω_c、$2\omega_c$ 及其附近的谐波。一般情况下 $\omega_c \gg \omega_r$，所以 SPWM 波形中所含的主要谐波的频率要比基波频率高得多，是很容易滤除的。载波频率越高，SPWM 波形中谐波频率就越高，所需滤波器的体积就越小。另外，一般的滤波器都有一定的带宽，如按载波频率设计滤波器，载波附近的谐波也可滤除。如滤波器设计为低通滤波器，且按载波角频率 ω_c 来设计，那么角频率为 $2\omega_c$、$3\omega_c$ 等及其附近的谐波也就同时被滤除了。

当调制信号波不是正弦波而是其他波形时，上述分析也有很大的参考价值。在这种情况下，对生成的波形进行谐波分析后，可发现其谐波由两部分组成：一部分是对信号波本身进行谐波分析所得的结果；另一部分是由于信号波对载波的调制而产生的谐波。后者的谐波分布情况和前面对 SPWM 波所进行的谐波分析是一致的。

第五章 交流——交流变换电路

交流—交流变换电路是指把一种形式的交流电变成另一种形式交流电的电路。在进行交流—交流变换时，可以改变相关的电压、电流、频率和相数等参数。交流—交流变换技术可以分为交流电力控制和交——交变频控制两大类。1. 交流电力控制电路。交流电力控制电路是只改变电压、电流或对电路进行通断控制的电路，不改变频率，主要有以下三类：（1）交流调压电路——不改变频率，仅仅只改变输出电压幅值的电路，采用相控或斩控方式控制。（2）交流调功电路—通过改变接通周期数与断开周期数的比值来调节负载所需平均功率的电路，采用通断控制方式控制。（3）交流电力电子开关——根据需要来实现电路的"导通"和"关断"状态。2. 交——交变频控制电路。交——交变频控制电路也称直接变频电路，是不通过中间直流环节而把电网频率的交流电直接变换成不同频率交流电的变换电路。它广泛用于交流电动机调速场合。

本章主要介绍交流调压电路、交流调功电路和变频控制电路的基本原理及应用，同时介绍了目前有良好发展前景的矩阵式变频电路的基本原理及特点。

第一节 交流调压电路

采用电力电子技术实现的交流调压电路，不仅可以实现电压的连续可调，而且调节装置体积小、价格低、效率高，所以在灯光调节、电风扇调速、交流电机软启动、工业加热、交流侧调压、电解电镀、电力系统无功补偿等场合得到了广泛应用。

一、单相交流调压电路

单相交流调压电路主要用于小功率电路中。和整流电路一样，电路的工作情况与负载的性质有关，这里分别讨论带阻性负载和带感性负载时电路的工作情况。

（一）阻性负载工作情况

图 5-1 所示为阻性负载单相交流调压电路的原理图，图 5-2 所示为阻性负载单相调压电路工作波形。u_{g1} 和 u_{g2} 分别为晶闸管 VT_1 和 VT_2 的触发脉冲波形。u 和 u_0 分别为电源电压和负载电压。因为是阻性负载，所以电压和电流波形相同。

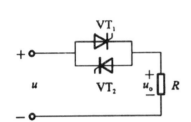

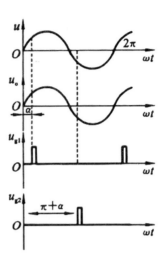

图 5-1 阻性负载单相交流调压电路的原理图　图 5-2 阻性负载单相调压电路工作波形

该电路采用相控调压方式，工作情况分析如下。

1.在电源电压 u 的正半周，晶闸管 VT_1 承受正向电压，α 时刻触发 VT_1 使其导通，则负载上得到了缺 α 角的正半周正弦半波电压，当电源电压过零时，VT_1 晶闸管电流下降为零而关断。

2.在电源电压 u 的负半周，晶闸管 VT_2 承受正向电压，α 时刻触发 VT_2 使其导通，则负载上又得到了缺 α 角的负半周正弦半波电压。若持续这样控制，则在负载电阻上可得到每半波缺 α 角的正弦电压。

3.由此分析可知，改变 α 角的大小，便可改变输出交流电压有效值的大小。

设电源电压 $u = \sqrt{2}U\sin\omega t$，则可求得下列数值大小：

（1）负载电压的有效值为：

$$U_o = \sqrt{\frac{1}{\pi}\int_\alpha^\pi (\sqrt{2}U\sin\omega t)^2 \,\mathrm{d}\omega t} = U\sqrt{\frac{1}{2\pi}\sin 2\alpha + \frac{\pi-\alpha}{\pi}} \tag{5-1}$$

（2）负载电流的有效值为：

$$I_o = \frac{U_o}{R} = \frac{U}{R}\sqrt{\frac{1}{2\pi}\sin 2\alpha + \frac{\pi-\alpha}{\pi}}$$

$$\tag{5-2}$$

（3）流过晶闸管电流的有效值为：

$$I_{\text{VT}} = \sqrt{\frac{1}{2\pi}\int_a^\pi \left(\frac{\sqrt{2}U\sin\omega t}{R}\right)^2 \mathrm{d}(\omega t)} = \frac{U}{R}\sqrt{\frac{1}{2}\left(1 - \frac{\alpha}{\pi} + \frac{\sin 2\alpha}{2\pi}\right)}$$

（5-3）

（4）电路功率因数为：

$$\lambda = \cos\varphi = \frac{U_\text{o}I_\text{o}}{UI_\text{o}} = \frac{U_\text{o}}{U} = \sqrt{\frac{1}{2\pi}\sin 2\alpha + \frac{\pi - \alpha}{\pi}}$$

（5-4）

从式（5-1）以及波形图可以看出，α 的移相范围为 $0 \sim \pi$。当 $\alpha = 0$ 时，相当于晶闸管一直导通，输出电压为最大值。随着 α 增大，输出电压值逐渐减小，当 $\alpha = \pi$ 时，输出电压值为零。此外，$\alpha = 0$ 时，功率因数 $\lambda = 1$，随着 α 的增大，输入电流滞后于电压且发生畸变，电路的功率因数也逐渐降低。

（二）感性负载工作情况

感性负载单相调压电路原理图及感性负载单相交流电路工作波形分别如图 5-3、图 5-4 所示。设负载阻抗角 $\varphi = \arctan(\omega L / R)$，如果用导线把晶闸管完全短接，稳态时负载电流应是正弦波，其相位滞后电源电压 u 的角度为 φ。在用晶闸管控制时，很显然只能进行滞后控制，使负载电流更为滞后，而无法使其超前。为了方便，把 $\alpha = 0$ 的时刻仍定在电源电压过零时刻，显然，α 的移相范围应为 $\varphi \le \alpha \le \pi$。

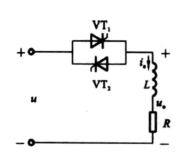
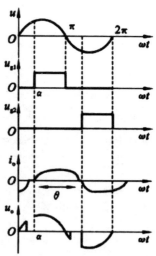

图 5-3 感性负载单相调压电路原理图　图 5-4 感性负载单相交流电路工作波形

在 $\omega t = \alpha$ 时刻开通晶闸管 VT_1，负载电流应满足如下微分方程和初始条件：

$$L\frac{di_o}{dt}+Ri_o=\sqrt{2}U\sin\omega t$$

$$i_o\big|_{0_\alpha=\alpha}=0 \tag{5-5}$$

此时，晶闸管的导通角 θ 的大小不但与控制角 α 有关，而且与负载阻抗角 φ 有关。解上述方程得负载电流 i_0 的表达式为：

$$i_o=\frac{\sqrt{2}U}{Z}\left[\sin(\omega t-\varphi)-\sin(\alpha-\varphi)e^{\frac{\sigma a\alpha}{\tan\varphi}}\right] \tag{5-6}$$

式中：$\alpha\leqslant\omega t\leqslant\alpha+\theta$

$$Z=\left[R^2+(\omega L)^2\right]^{\frac{1}{2}};$$

$$\varphi=\arctan\frac{\omega t}{R}。$$

当 $\omega t=\alpha+\theta$ 时，$i_0=0$。将此条件代入式（5-6），可求得导通角 θ 的表达式为：

$$\sin(\alpha+\theta-\varphi)=\sin(\alpha-\varphi)e^{\frac{-\theta}{\tan\varphi}} \tag{5-7}$$

以 φ 为参变量，根据式（5-7）可绘出 $\theta=f(\alpha,\varphi)$ 的曲线，如图 5-5 所示。另一个晶闸管导通时，情况完全相同，只是极性相反，相位相差。

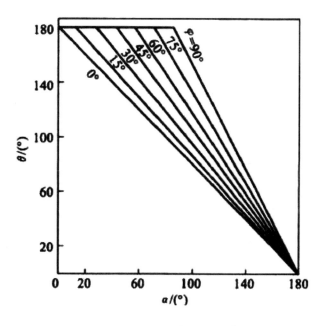

图 5-5 单相交流调压电路以 φ 为参变量的 θ 和 α 关系曲线

由上述可知，阻感负载时 α 的移相范围为 $\varphi \leqslant \alpha \leqslant \pi$。但是 $\alpha < \varphi$ 时，电路也能工作，具体工作情况如何呢？下面分 $\alpha > \varphi$、$\alpha = \varphi$ 和 $\alpha < \varphi$ 三种情况来分析调压电路的工作情况。

1. 当 $\varphi < \alpha \leqslant \pi$ 时，导通角 $\theta < 180°$，正负半波电流断续。α 越大，θ 越小，波形断续越严重。

2. 当 $\alpha = \varphi$ 时，相当于用导线把晶闸管完全短接，负载电流处于连续状态，为完整的正弦波，导通角 $\theta = 180°$。

3. 当 $0 \leqslant \alpha < \varphi$ 时，电源接通后某一时刻触发 VT_1，则 VT_1 的导通时间超过 π。到 $\pi + \alpha$ 时刻触发 VT_2 时，负载电流 i_0 尚未过零，VT_1 仍在导通，VT_2 不会开通，这是因为 $\alpha < \varphi$ 时，VT_1 提前导通，负载 L 被过充电，其放电时间也将延长，使得 VT_1 结束导电时刻大于 $\pi + \varphi$，并使 VT_2 推迟开通，所以 VT_2 的导通角 $\theta < \pi$。从第二个周期开始，VT_1 的导通角逐渐减小，VT_2 的导通角逐渐增大，直到两个晶闸管的 $\theta = 180°$ 时达到平衡（这也可以由式（5-6）分析得出：i_0 由两个分量组成，第一项为正弦稳态分量，第二项为指数衰减分量。在指数分量的衰减过程中，VT_1 的导通时间逐渐缩短，VT_2 的导通时间逐渐延长。当指数分量衰减到零后，VT_1 和 VT_2 的导通时间都趋近于 π，其稳态的工作情况和 $\alpha = \varphi$ 时完全相同），整个过程的工作波形如图 5-6 所示。

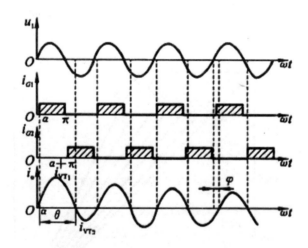

图 5-6 $\alpha < \varphi$ 时阻感负载交流调压电路工作波形

（三）斩控式交流调压电路

随着直流斩波电路的广泛应用，斩波控制技术也应用于交流调压电路，出现了斩控式交流调压电路，如图 5-7 所示，该电路采用全控型器件作为开关器件。

斩控式交流调压电路的基本原理和直流斩波电路有类似之处。直流斩波电路输入是直流电压，而斩控式交流调压电路输入是正弦交流电压。在交流电源 u_1 的正半周，用 V_1 进行斩波式控制，用 V_3 给负载提供续流通道；在 u_1 的负半周，用 V_2 进行斩波式控制，用 V_4 给负载提供续流通道。设斩波器件（V_1 或 V_2）导通时间为 t_{on} ，开关周期为，则导通比 $\tau = t_{on}/T$。和直流斩波电路一样，也可以通过改变 τ 来调节输出电压，图 5-8 所示为阻性负载时电路的工作波形。

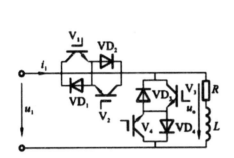

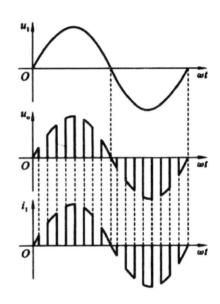

图 5-7 斩控式交流调压电路　　图 5-8 阻性负载斩控式交流调压电路工作波形

可以看出，通过斩波控制方式，输出电压和输出电流基波分量同相位，也即电路位移因数为 1；由于斩波开关在高频工作，输出波形中不含低次谐波分量，只含有和斩控开关的开关频率有关的高次谐波，对这些高次谐波进行嶙波就容易得多了。若电路带阻感负载，则负载电流将滞后负载电压，且负载上有电压时负载电流缓慢上升，负载无电压时负载电流缓慢下降，电流波形为锯齿波。

二、三相交流调压电路

三相交流调压电路接线形式很多，各有其特点。现将主要接线形式介绍如下。

（一）三相四线制调压电路

三相四线制调压电路如图 5-9 所示，实际上该电路是 3 个单相交流调压电路的组合，三相互相错开 1200，单相交流调压电路的工作原理和分析方法均适用于这种电路。晶闸管的门极触发脉冲信号，同相间要互差 1800。各晶闸管导通

顺序为 $VT_1 \sim VT_6$，依次滞后间隔 600。由于存在中线，只需要一个晶闸管导通，负载就有电流流过，可采用窄脉冲触发。该电路工作时，零线上谐波电流较大，含有 3 次谐波和其他 3 的整数倍次以外的谐波。当时，中性线电流甚至和各相电流的有效值接近。在选择导线线径和变压器时必须注意这一问题。

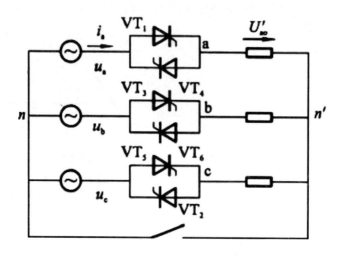

图 5-9 三相四线制调压电路

（二）三相三线制调压电路

三相三线制调压电路如图 5-10 所示，负载可以接成星形也可以接成三角形。由于没有零线，必须保证两相晶闸管同时导通，负载中才有电流流过，与三相全控桥一样，必须采用宽脉冲或者双窄脉冲触发，6 只晶闸管的门极触发顺序为依次间隔 600。相位控制时，电源相电压过零处便是对应的晶闸管控制角的起点。该电路的优点是输出谐波含量低，且没有 3 次谐波，对邻近的通信线路干扰小，因此应用广泛。

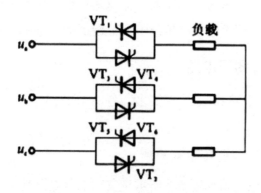

图 5-10 三相三线制调压电路

第二节 交流调功电路

　　交流调功电路和交流调压电路的电路形式完全相同，只是控制方式不同。交流调功电路不是在每个交流电源周期控制开关的通断，而是以电源一个周期为单位，控制几个周期都连续开通或几个周期都连续关断，通过改变接通周期数与关断周期数的比值来调节负载所消耗的平均功率。因其直接调节对象是电路的平均输出功率，所以被称为交流调功电路。通常控制开关管导通的时刻都是在电源电压过零的时刻，这样，在交流电源接通期间，负载电压电流都是正弦波，不对电网电压电流造成通常意义上的谐波污染。这种电路常用于电炉的温度控制。

　　交流调功电路典型波形如图 5-11 所示。

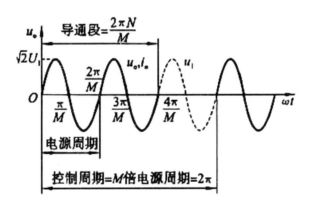

图 5-11 交流调功电路典型波形

第三节 交——交变频电路

　　交——交变频电路是指不经过中间直流环节，将电网频率的交流电直接变换为不同频率的交流电的变换电路。这种变换电路也称周波变流器。这种变换电路因不经过中间直流环节，因此电能损耗小，其变换效率较高，主要应用于大功率交流电动机调速系统，如 1000KW 以上的大功率、转速在 600r/min 以下的低转速交流调速系统中。目前已在轧机主传动装置、鼓风机、矿石破碎机、球磨机、卷扬机等场合获得了较多的应用。它既可以用于异步电动机传动，也可以用于同步电动机传动。

一、单相交——交变频电路

（一）电路结构和基本工作原理

单相交——交变频电路原理图和输出波形如图 5-12 所示，电路由 P 组和组反并联的晶闸管变流电路构成。变流器 P 组和 N 组都是相控整流电路，P 组工作时，负载电流 i_0 为正，组工作时，负载电流 i_0 为负。控制 P 组和 N 组两组变流器按一定频率交替工作，负载就得到该频率的交流电。改变两组变流器的切换频率，就可以改变输出交流电频率；改变变流电路工作时的 α 控制角，就可以改变输出交流电压的幅值。

为了使输出电压 u_0 的波形接近正弦波，可以按正弦规律对角进行调制。如图 5-12（b）

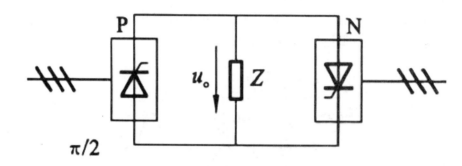

(a)电路原理图

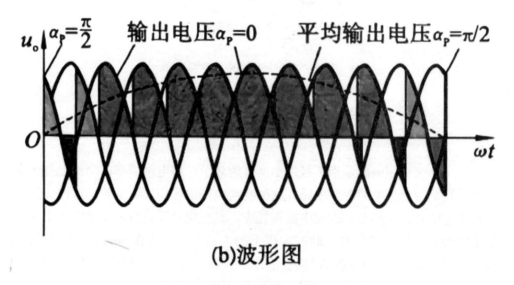

(b)波形图

图 5-12 单相交 – 交变频电路原理国和输出波形图（不变）

所示的波形（三相半波交流输入，单相交流输出），可在半个周期内让变流器 P 的 α 角按正弦规律从 900 逐渐减小到 00 或某个值，然后再逐渐增大到 900。这样，每个控制间隔内的平均输出电压就按正弦规律从零逐渐增至最高，再逐渐减低到零，如图 5-12（b）中虚线所示。另外半个周期可对变流器 N 进行同样的控制。

从波形可以看出，输出电压 u_0 并不是平滑的正弦波，而是由若干段电源电压拼接而成。在输出电压的一个周期内，所包含的电源电压段数越多，其波形就越接近正弦波。因此，变流电路通常采用 6 脉波的三相桥式电路或 12 脉波电路。

正反两组（P 组和 N 组）变流器切换时，不能简单将原来工作的变流器封锁，同时将原来封锁的变流器立即开通。因为已开通晶闸管并不能在触发脉冲取消的那一瞬间立即被关断，必须待晶闸管承受反压时才能关断。如果两组变流器切换使触发脉冲的封锁和开放同时进行，原先导通的那组变流器不能立即关断，而原来封锁的那组变流器已经开通，于是出现两组桥同时导通的现象，将会产生很大的短路电流，使晶闸管损坏。为了防止在负载电流反向时环流的产生，将原来工作的变流器封锁后，必须留有一定的死区时间，再将原来封锁的变流器开通工作。这种两组桥在任何时刻只有一组工作，在两组桥之间不存在环流，称为无环流控制方式。

（二）变频电路的工作过程

交 - 交变频电路的负载可以是感性、阻性或容性。下面以使用较多的感性负载为例，来说明两组变流器的工作过程。

在阻感性负载的工作情况下，输出电压超前电流，图 5-13 所示是单相交 - 交变频电路输出电压和电流的波形图。如果考虑到无环流控制方式下负载电流过零的死区时间，一周期的波形可分为以下 6 段。

第 1 阶段：反组逆变。t_1 时刻以前 $t_4 \sim t_5$，因 $i_0 < 0$，而变流器的输出电流具有单相导电性，负载负向电流必须由反组变流器输出，则此阶段为反组变流器工作，正组变流器被封锁。又由于 $u_0 > 0$，则反组变流器必须工作在有源逆变状态。

第 2 阶段：t_1 时刻，电流过零，为无环流死区。

第 3 阶段：正组整流。$t_1 \sim t_2$ 时刻，因 $i_0 > 0$，只能为正组变流器工作，反组变流器被封锁。又因 $u_0 > 0$，则正组变流器必须工作在整流状态。

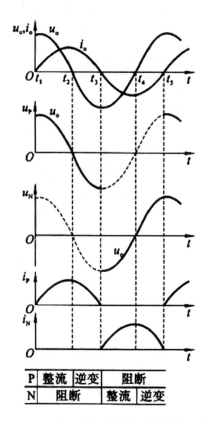

图 5-13 交——交变频电路的输出波形和工作状态

第 4 阶段：第 4 阶段：正组逆变。$t_2 \sim t_3$ 时刻，因 $i_0 > 0$，由于电流方向没有变，因此还是只能为正组变流器工作，反组变流器被封锁。又因 $u_0 < 0$，则正组变流器工作在逆变状态。

第 5 阶段：t_3 时刻，电流过零，为无环流死区。

第 6 阶段：反组整流。$t_3 \sim t_4$ 时刻，因 $i_0 < 0$，反组变流器工作，正组变流器被封锁。又因 $u_0 < 0$，则反组变流器工作在整流状态。

可以看出，哪组变流器工作是由输出电流的方向决定的，与输出电压极性无关。变流电路工作在整流状态还是逆变状态，则是由输出电压方向与输出电流方向的异同来确定的。

（三）输出正弦波电压的控制方法

要使输出电压波形接近正弦波，必须在一个周期内，控制 α 角按一定规律变化，使整流电路在每个控制间隔内的平均输出电压按正弦规律变化。那么，怎么确定控制角 α 的大小呢？最常用的方法是采用"余弦交点法"求解 α 的大小。

设 U_{do} 为 $\alpha = 0$ 时整流电路的理想空载输出电压，则触发延迟角为 α 时（每

次控制时 α 都是不同的），整流电路在每个控制间隔的平均输出电压为：

$$u_o = U_{do} \cos \alpha \qquad (5\text{-}8)$$

设希望输出的正弦波电压为：

$$u_o = U_{om} \sin \omega_o t \qquad (5\text{-}9)$$

比较式（5-8）与式（5-9），可得：

$$\cos \alpha = \frac{U_{om}}{U_{do}} \sin \omega_o t \qquad (5\text{-}10)$$

$$\alpha = \arccos \left(\frac{U_{om}}{U_{do}} \sin \omega_o t \right) \qquad (5\text{-}11)$$

如果在一个控制周期内，控制角根据式（5-11）确定，则每个控制间隔平均输出电压值按正弦规律变化。式（5-11）为余弦交点法求角的基本公式。

图 5-14 所示为采用两组三相半波整流电路构成的单相交——交变频电路，图 5-15 所示为采用两组三相桥式全控整流电路构成的单相交——交变频电路。三组单相交——交变频电路可以组合成三相交——交变频电路。

二、三相交——交变频电路

三相交——交变频电路是由三组输出电压相位各差 1200 的单相交——交变频电路组成的。

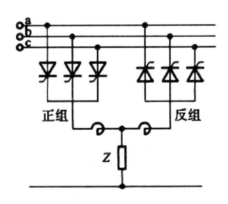

图 5-14 采用两组三相半波整流电路构成的单相交——交变频电路

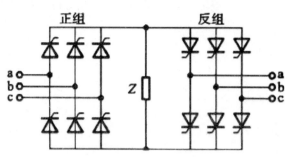

图 5-15 采用两组三相桥式全控整流电路构成的单相交——交变频电路

（一）接线方式

1.公共交流母线进线方式

公共交流母线进线方式的三相交——交变频电路主要用于中等容量的交流调速系统。如图 5-16 所示，它由三组彼此独立的、输出电压相位相互错开的单相交 - 交变频电路组成，电源进线通过进线电抗器接在公共的交流母线上。因为电源进线端公用，所以三组单相交—交变频电路的输出端必须隔离。为此，变频电路所带的交流电动机的三个绕组必须拆开，同时引出六根线。

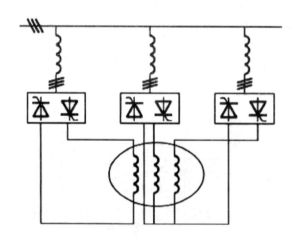

图 5-16 公共交流母线进线方式的三相交——交变频电路

2.输出星形连接方式

图 5-17 所示是输出星形连接方式的三相交 - 交变频电路。这种电路的输出端接成星形，电动机的三个绕组也接成星形，电动机中点不和变频器中点接在一起，电动机只引出三根线即可。但因为三组单相交 - 交变频电路的输出端连接在一起，所以其电源进线就必须隔离，且要求三个单相变频器分别用三个变压器供电。

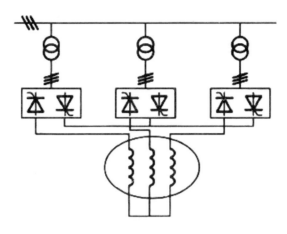

图 5-17 输出星形连接方式的三相交——交变频电路

由于变频器输出中点不和负载中点相连接，所以在构成三相变频器的六种桥式电路中，至少要有不同输出相的两组桥中的四个晶闸管同时导通才能构成回路，从而形成电流。因此要求同一组桥内的两个晶闸管靠双触发脉冲保证同时导通。而两组桥之间依靠足够的脉冲宽度来保证同时导通。

（二）输入／输出特性

从电路结构和工作原理可以看出，三相相控交 - 交变频电路和单相相控交 - 交变频电路的输出上限频率和输出电压谐波是一致的，但输入电流和输入功率因数则有一些差别。

三相相控交 - 交变频电路的总输入电流由三个单相的同一相输入电流合成而得到，有些谐波相互抵消，谐波种类有所减少，总的谐波幅值也有所降低。

三相电路总的有功功率为各相有功功率之和，但视在功率却不能简单相加，而应该由总输入电流有效值和输入电压有效值来计算，比三相各自的视在功率之和小。因此，三相相控交 - 交变频电路总输入功率因数要高于单相相控交 - 交变频电路，但总的来说还是较低的。

（三）改善输入功率因数和提高输出电压

对于采用相控整流的交 - 交直接变频电路，影响输入功率因数和输出电压的因素主要是触发延迟角 α 过大，尤其对于电动机负载，在低速运行时，变频器输出电压很低，各组桥式电路的 α 角都在 900 附近，因此输入功率因数很低。

若要改善输入功率因数和提高输 α 出电压，考虑到各相输出的是相电压，而且加在负载上的是线电压，同时考虑到在各相电压中叠加同样的直流分量或 3 倍于输出频率的谐波分量，由于它们都不会在线电压中反映出来，因而也加不到星形连接负载上。利用这一特性，可以使输入功率因数得到改善并提高输出电压。

1. 直流偏置法

该法是指给各相输出电压叠加上同样的直流分量，此时触发延迟角 α 将减小，但变频器输出线电压并不改变，而且可提高功率因数。这种方法常用于长期低速运行的电动机负载。

2. 交流偏置法

前述余弦交点法的原理，是利用期望的正弦波输出电压与同步电压的交点来确定触发延迟角 α。交流偏置法中仍采用上述方法，但采用梯形波输出控制方式，使三组单相变频器的输出均为梯形波（又称为准梯形波）。梯形波的主要谐波成分是三次谐波，在线电压中三次谐波相互抵消，线电压仍为正弦波，使桥式电路在较长时间内工作在高输出电压区域（即梯形波平顶区），α 角较小，因此输入功率因数可提高 15% 左右。在正弦波输出控制方式中，最大输出正弦波相电压的幅值只能为 $\alpha = 0^0$ 时的 U_d，而在同样幅值的情况下，梯形波输出控制方式的基波幅值可提高 15% 左右。由于梯形波控制相当于在相电压中加入 3 次谐波，故称为交流偏置法。

基于以上优缺点，相控交 - 交变频电路主要用于大功率、低转速的交流调速电路，既可以用于异步电动机传动也可用于同步电动机传动。

交——交变频电路有以下特点：

（1）交——交变频电路与交——直——交变频电路比较，只经过一次变流，电路变换效率高；

（2）由于采用两组晶闸管整流装置构成，可以方便地实现电路的四象限工作；

（3）低频输出时输出波形接近正弦波；

（4）电路接线复杂，使用晶闸管个数多；

（5）输出频率受电网频率和变流电路脉波数限制，输出频率低，一般是电网频率的 1/3~1/2；

（6）由于采用相控方式，输入功率因数低，输入电流的谐波含量较高。

第六章 软开关技术

现代电力电子技术发展的趋势是装置小型化、轻型化，同时要兼顾效率和电磁兼容性问题。通常，在装置中，滤波电感、电容和变压器的体积和重量占了很大比例，因此减小滤波器和变压器的体积及重量是实现装置小型化和轻型化的主要途径。根据"电路"和"变压器"中的相关知识，提高开关频率可以减小滤波器的参数和变压器的绕组匝数，从而显著地降低装置的体积和重量。

因此装置的小型化、轻型化最有效的途径是提高开关器件的频率，但随着开关频率的提高，开关损耗也随之增加，电路效率大幅下降，电磁干扰也会增大，所以简单地提高开关频率是不行的。针对这些问题出现了软开关技术，它在开关频率提高的情况下，有效地解决了电路中的开关损耗和开关噪声问题。

第一节 软开关的基本概念

一、硬开关与软开关

在前面章节分析电路时，为了便于理解电路的工作原理，都是在理想的情况下分析，将开关器件作为理想器件，认为开关器件的导通和关断是瞬时完成的，没有考虑开关过程对电路的影响，但实际电路中开关过程是客观存在的，有可能在一定条件下对电路的工作造成严重的影响。

在电力电子技术变换电路中，往往开关器件的典型开关过程如图 6-1 所示，开关过程中出现了电压、电流均不为零的重叠区，因此产生了开关损耗；另外电压和电流变化的速度非常快，波形出现了明显的过冲，故产生了开关噪声，这样的开关称为硬开关。

在硬开关过程中会产生开关损耗和开关噪声，提高开关频率，开关损耗也随之增加；开关噪声带来的电磁干扰会影响周边的电子设备。要解决这些问题，往往在开关过程前后引入谐振过程，使开关器件开通前电压先减小到零，或在关断前电流先减小到零，避免开关过程中电压和电流的重叠，同时减小它们的变化率，从而大大降低甚至消除开关损耗和开关噪声，这样的开关称为软开关。软开关典型的开关过程见图 6-2。

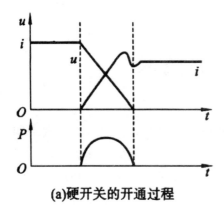

(a)硬开关的开通过程

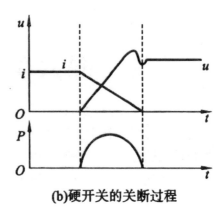

(b)硬开关的关断过程

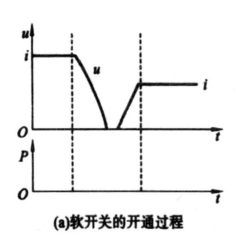

(a)软开关的开通过程

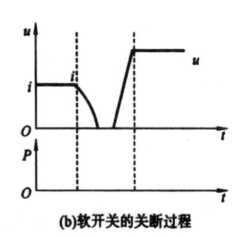

(b)软开关的关断过程

图 6-2 软开关的开关过程

二、零电压开关和零电流开关

使开关开通前两端电压为零，消除开关开通的损耗和噪声，这种开通方式称为零电压开通；使开关关断前电流为零，消除开关关断的损耗和噪声，这种关断方式称为零电流关断。在很多情况下，省去开通和关断，仅称零电压开关和零电流开关。零电压开通和零电流关断主要依靠电路中的谐振来实现。

在开关两端并联电容能延缓开关关断后电压上升的速率，从而减小关断损耗，有时称这种关断过程为零电压关断；在开关侧串联电感能延缓开关导通后电流上升的速率，减小开通损耗，有时称之为零电流开通。但简单地给开关并联电容或串联电感一般会产生电路的总损耗增加、关断过电压增大等不利影响，是得不偿失的，没有应用价值。

第二节 软开关电路的分类

软开关技术问世以后，随着不断发展和完善，出现了许多种软开关电路，直到现在为止，新型的软开关电路仍不断涌现，由于软开关电路众多，应用场合和特点也各有不同，因此很有必要对这些电路进行分类。

根据电路中主要开关器件是零电压开通还是零电流关断，可以将软开关电路分成两大类：零电压电路和零电流电路。一般情况下，一种软开关电路不是零电压电路，就是零电流电路。但有些特殊的电路，电路中有多个开关，有些开关是零电压开通，有些开关是零电流关断。

根据软开关技术发展的历程，可以将软开关电路分成准谐振电路、零开关PWM电路和零转换PWM电路。

一、准谐振电路

软开关电路最早出现的是准谐振电路，有些现在还在大量使用，准谐振电路又可以分为零电压开关准谐振电路、零电流开关准谐振电路和零电压开关多谐振电路。图6-3分别给出了3种软开关电路的基本开关单元。

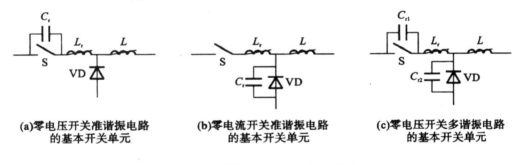

(a)零电压开关准谐振电路   (b)零电流开关准谐振电路   (c)零电压开关多谐振电路
的基本开关单元   的基本开关单元   的基本开关单元

图6-3 准谐振电路的基本开关单元

准谐振电路中电压或电流的波形为正弦半波，故称之为准谐振。谐振的引入大大降低了开关损耗和开关噪声，但也带来了不利因素：谐振电压峰值很高，这就要求相应地提高开关器件的耐压性；准谐振电流的有效值很大，致使电路中大量的无功功率交换，电路导通损耗加大；谐振周期随输入电压、负载变化而改变，因此电路中只能采用脉冲频率调制（PFM），开关频率的变化给电路设计带来困难。

二、零开关 PWM 电路

零开关 PWM 电路分为零电压开关 PWM 电路和零电流开关 PWM 电路。这两种电路的基本开关单元如图 6-4 所示。

电路中谐振的开关时刻通过辅助开关来控制，使谐振仅发生在开关过程前后。这类电路同准谐振电路相比有明显的优势：电压和电流基本上是方波，只是波形上升沿和下降沿较缓，开关承受的电压明显降低，电路可以采用开关频率不变的 PWM 控制方式。

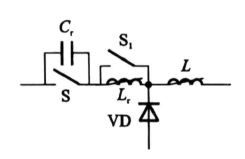
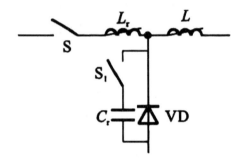

(a)零电压开关PWM电路
的基本开关单元

(b)零电流开关PWM电路
的基本开关单元

图 6-4 零开关 PWM 电路的基本开关单元

三、零转换 PWM 电路

零转换 PWM 电路可以分为零电压转换 PWM 电路和零电流转换 PWM 电路。这两种电路的基本开关单元如图 6-5 所示。

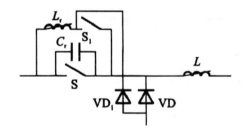
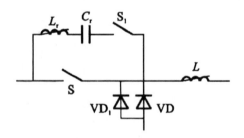

(a)零电压转换PWM电路的基本开关单元

(b)零电流转换PWM电路的基本开关单元

图 6-5 零转换 PWM 电路的基本开关单元

这类电路也是采用辅助开关来控制开始谐振的时刻，但不同的是，谐振电路与主开关并联，因此输入电压和负载电流对电路谐振过程的影响不大，电路在很宽的输入电压范围内和从零负载到满负载都能工作在软开关状态，电路中无功功率的交换削减到最小，使得电路效率有了进一步提高。

第三节 典型的软开关电路

本节将对三种典型的软开关电路进行详细的分析，使读者了解这些常见的软开关电路，并能初步掌握软开关电路的分析方法。

一、零电压开关准谐振电路

这类软开关电路出现较早，由于其结构简单，目前仍然在一些电源装置中应用。本小节以降压型电路为例来分析其工作原理，电路原理图如图 6-6（a）所示，分析时假设电感 L 和电容 C 都极大，可以分别等效为电压源和电流源，电路中的损耗忽略。电路工作时的波形见图 6-6（b）。

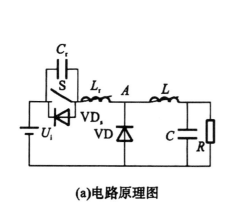

(a)电路原理图

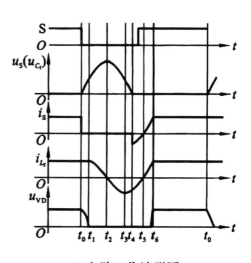

(b)电路工作波形图

图 6-6 零电压开关准谐振电路

开关电路的工作过程是按开关周期重复的，在分析时开关周期中任意时刻都可作为分析的起点。在分析软开关电路的原理时，开关过程较为复杂，选择合适的起点，可以简化分析过程。在分析零电压开关准谐振电路时，选择开关 S 的关断时刻为分析的起点最为合适，下面逐段分析其工作原理。

$t_0 \sim t_1$ 时段：t_0 时刻之前，开关 S 为通态，二极管 VD 为断态，$u_{C_r} = 0, i_{L_r} = I_L$；$t_0$ 时刻 S 关断，与其并联的电容 C_r 使 S 关断后电压上升减缓，因此 S 的关断损耗减小。S 关断后，VD 尚未导通。电路可以等效为如图 6-7 所示电路。电感 $L_r + L$ 向 C_r 充电，u_{C_r} 线性上升，同时 VD 两端电压 u_{VD} 逐渐下降，

直到 t_1 时刻，$u_{VD}=0$，VD 导通。这一时段 u_{C_r} 的上升率为：

$$\frac{\mathrm{d}u_{C_r}}{\mathrm{d}t}=\frac{I_L}{C_r} \tag{6-1}$$

$t_1 \sim t_2$ 时段：t_1 时刻二极管 VD 导通，电感 L 通过 VD 续流，C_r、L_r、U_i 形成谐振回路，如图 6-8 所示。在谐振过程中，L_r 对 C_r 充电，u_{C_r} 不断上升，i_{L_r} 不断下降，到 t_2 时刻，i_{L_r} 下降到零，u_{C_r} 达到谐振峰值。

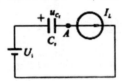

图 6-7 零电压开关准谐振电路在 $t_0 \sim t_1$ 时段的等效电路

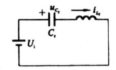

图 6-8 零电压开关准谐振电路在 $t_1 \sim t_2$ 时段的等效电路

$t_2 \sim t_3$ 时段：t_2 时刻后，C_r 向 L_r 放电，u_{C_r} 不断下降，i_{L_r} 反向，直到 t_3 时刻，$u_{C_r}=U_i$，L_r 两端电压为零，i_{L_r} 达到反向谐振峰值。

$t_3 \sim t_4$ 时段：t_3 时刻以后，L_r 向 C_r 反向充电，u_{C_r} 继续下降，直到 t_4 时刻，$u_{C_r}=0$。

t_1 到 t_4 时段电路谐振过程的方程为：

$$L_r\frac{\mathrm{d}i_{L_r}}{\mathrm{d}t}+u_{C_r}=U_i$$

$$C_r\frac{\mathrm{d}u_{C_r}}{\mathrm{d}t}=i_{L_r}$$

$$u_{C_r}\big|_{t=t_1}=U_i,\quad i_{L_r}\big|_{t=t_1}=I_L,\quad t\in\left[t_1,t_4\right] \tag{6-2}$$

$t_4 \sim t_5$ 时段：VD_S 导通，u_{C_r} 被箱位为零，i_{L_r} 线性衰减，直到 t_5 时刻，$i_{L_r}=0$。由于这一时段 S 两端电压为零，所以必须在这一时段使开关 S 开通，才不会产生开通损耗。

$t_5 \sim t_6$ 时段：S 为通态，i_{L_r} 线性上升，直到 t_6 时刻，$i_{L_r}=I_L$，VD 关断。t_4 到 t_6 时段电流 i_{L_r} 的变化率为：

$$\frac{di_{L_r}}{dt} = \frac{U_i}{L_r}$$

（6-3）

$t_6 \sim t_0$ 时段：S 为通态，VD 为断态。

软开关电路工作中最重要的部分是谐振过程，通过对该过程的详细分析可以得到很多对软开关电路的分析、设计和应用具有指导意义的重要结论。上述电路中谐振过程为 t_1 到 t_4 时段，下面对该时段进行定量分析。

求解式（6-2）可得 u_{C_r}（即开关 S 的电压 u_S）的表达式：

$$u_{C_r}(t) = \sqrt{\frac{L_r}{C_r}} I_L \sin \omega_r (t - t_1) + U_i, \quad \omega_r = \frac{1}{\sqrt{L_r C_r}}, \quad t \in [t_1, t_4]$$

（6-4）

u_{C_r} 的谐振峰值表达式为：

$$U_p = \sqrt{\frac{L_r}{C_r}} I_L + U_i$$

（6-5）

该值也为开关承受的峰值电压。在式（6-4）中，如果正弦项的幅值比 U_i 小，u_{C_r} 就不可能谐振到零，开关也就无法实现零电压开通，故零电压开关准谐振电路实现软开关的条件为：

$$\sqrt{\frac{L_r}{C_r}} I_L \geq U_i$$

（6-6）

从式（6-5）和式（6-6）可以看出，谐振电压峰值高于输入电压 U_i 的 2 倍，开关 S 的耐压度也必须相应提高，增加了电路的成本，降低了可靠性，是零电压准谐振应用受限的主要原因。

二、移相全桥型零电压开关 PWM 电路

这种电路是目前应用最广泛的软开关电路之一，它的特点是电路很简单，如图 6-9 所示，在硬开关全桥电路中仅增加了一个谐振电感，并没有增加辅助开关等元件，就使四个开关器件均在零电压的条件下开通，这归功于其独特的控制方式，控制方式有以下几个特点。

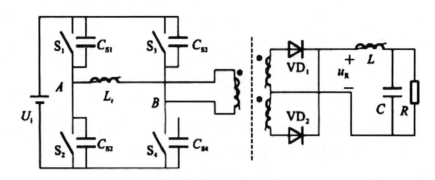

图 6-9 移相全桥型零电压开关 PWM 电路

（1）在开关周期 T_S 内，每个开关导通时间都略小于 $T_S/2$，而关断时间都略大于 $T_S/2$；

（2）同一半桥中上下两个开关不同时处于通态，每个开关从关断到另一个开关开通都要经过一定的死区时间。

（3）互为对角的两对开关 S_1、S_4 和 S_2、S_3，S_1 的波形比 S_4 超前 $0 \sim T_S/2$ 时间，而 S_2 的波形比 S_3 超前 $0 \sim T_S/2$ 时间，因此称 S_2 和 S_2 为超前的桥臂，而称 S_3 和 S_1 为滞后的桥臂。

以下分析该电路的工作原理，假设开关器件都是理想的，并忽略电路中的损耗。波形如图 6-10 所示。

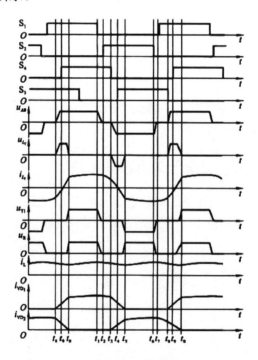

图 6-10 移相全桥电路的理想化波形

$t_0 \sim t_1$ 时段：S_1 与 S_4 导通，直到 t_1 时刻 S_1 关断。

$t_1 \sim t_2$ 时段：t_1 时刻开关 S_1 关断后，电容 C_{S1}、C_{S2} 与电感 L_r、L 构成谐振回路，等效电路如图 6-11 所示。谐振开始时，$u_A = U_i$，在谐振过程中，u_A 不断下降，直到 $u_A = 0$，VD_{S2} 导通，电流 i_{L_r} 通过 VD_{S2} 续流。

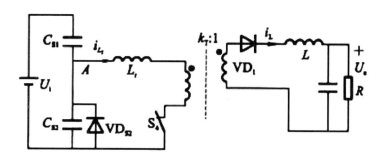

图 6-11 移相全桥电路在时段的等效电路

$t_2 \sim t_3$ 时段：t_2 时刻开关 S_2 开通，由于此时其反并联二极管 VD_{S2} 正处于导通状态，因此 S_2 为零电压开通，开通过程中不会产生损耗。

$t_3 \sim t_4$ 时段：t_3 时刻开关 S_4 关断后，电路等效为图 6-12 所示电路。这时变压器二次侧 VD_1 和 VD_2 同时导通，变压器一次侧和二次侧电压均为零，相当于短路，因此 C_{S3}、C_{S4} 与 L_r 构成谐振回路。谐振过程中 L_r 的电流不断减小，B 点电压不断上升，直到 S_3 的反并联二极管 VD_{S3} 导通。这种状态维持到 t_4 时刻 S_3 开通。因此 S_3 为零电压开通，不会产生开通损耗。$t_4 \sim t_5$ 时段：S_3 开通后，L_r 的电流继续减小。i_{L_r} 下降到零后，便反向增大，t_5 时刻 $i_{L_r} = I_L / k_T$，变压器二次侧 VD_1 的电流下降到零而关断，电流 I_L 全部转移到 VD_2 中。

$t_0 \sim t_5$ 时段正好是开关周期的一半，$t_5 \sim t_0$ 时段为开关周期的另一半，电路的工作过程与 $t_0 \sim t_5$ 时段完全对称，不再赘述。

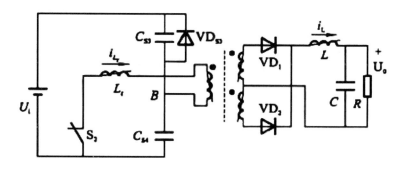

图 6-12 移相全桥电路在 $t_3 \sim t_4$ 时段的等效电路

三、零电压转换 PWM 电路

这种电路是另外一种常用的软开关电路，其电路简单、效率高，广泛应用于功率因数校正电路（PFC）、DC-DC 变换器、斩波器等。本小节以升压电路为例介绍这种软开关电路的原理。

升压型零电压转换 PWM 电路的原理图如图 6-13 所示，其理想化波形如图 6-14 所示。在分析时，假设电感 L 很大、电容 C 很大，忽略其电流的波动和输出电压的波动，同时不考虑元件和线路中的损耗。

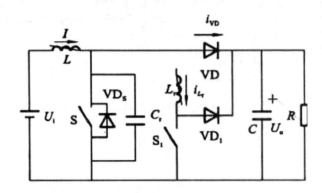

图 6-13 升压型零电压转换 PWM 电路的原理图

从图 6-14 中可以看出，在零电压转换 PWM 电路中，辅助开关 S_1 超前于主开关 S 开通，而 S 开通后，S_1 就关断了。主要的谐振过程都集中在 S 开通前后。下面分段分析电路的工作原理。

$t_0 \sim t_1$ 时段：S_1 比 S 先导通，此时 VD 尚处于通态，电感 L_r 两端电压为 U_o，电流 i_{L_r} 线性增长，VD 中的电流以同样的速率下降。t_1 时刻，$i_{L_r} = I_L$，VD 中电流下降到零而关断。

$t_1 \sim t_2$ 时段：电路等效为图 6-15 所示电路，L_r 与 C_r 构成谐振回路，在谐振过程中，L_r 的电流增加而 C_r 的电压下降，t_2 时刻 $u_{C_r} = 0$，VD_s 导通，u_{C_r} 被箝位为零，而电流 i_{L_r} 保持不变。

$t_2 \sim t_3$ 时段：u_{C_r} 被箝位为零，而电流 i_{L_r} 保持不变，这种状态一直保持到 t_3 时刻 S 开通、S_1 关断。

$t_3 \sim t_4$ 时段：t_3 时刻 S 开通时，其两端电压为零，为零电压开通，故没有开关损耗。S 开通的同时 S_1 关断，L_r 中的能量通过 VD_1 向负载侧输送，其电流线性下降，而主开关 S 中的电流线性上升。t_4 时刻 $i_{L_r} = 0$，VD_1 关断，主开关 S 中的电流 $i_S = I_L$，电路进入正常导通状态。$t_4 \sim t_5$ 时段：t_5 时刻 S 关断。C_r 限制了 S 两端电压的上升率，降低了 S 的关断损耗。

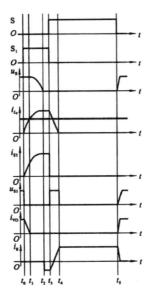

图 6-14 升压型零电压转换 PWM 电路的理想化波形

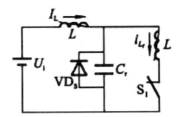

图 6-15 升压型需电压转换 PWM 电路在 $t_1 \sim t_2$ 时段的等效电路

第七章 变压器与交流电动机

第一节 变压器

变压器是根据电磁感应原理制成的能量变换装置，具有变换电压、变换电流和变换阻抗的作用，在各个领域有着广泛的应用。在电力系统输电方面，当输送功率 $P = U \cos \varphi$ 及负载功率因数 $\cos \varphi$ 一定时，输电线电压 U 愈高，则线路电流 I 愈小，这在输电线催面积一定的情况下减小了线路的功率损耗，因此在输电时必须利用变压器将电压升高。在用户端，为了保证用电安全和降低用电设备的电压要求，还要利用变压器将电压降低；在实验室，经常用自耦变压器改变电源电压满足实验要求；在 LC 振荡电路中，利用变压器改变相位，使电路具有正反馈，从而产生振荡；在测量电路中，利用变压器原理做的电压电流互感器扩大电压电流的测量范围；在功率放大电路中，为使负载上获得最大功率，也广泛采用变压器来实现阻抗匹配。

变压器的种类很多，按用途不同，变压器可分为电力变压器、整流变压器、电焊变压器、船用变压器、量测变压器以及电子技术中应用的电源变压器等；按相数不同，变压器又可分为单相变压器和三相变压器等；按每相绕组数不同，变压器又可分为自耦变压器（仅有一个绕组）、双绕组变压器和三绕组变压器等；按外形分，变压器又可分为 R 型变压器、EI 型变压器和环形变压器等；按冷却方式不同，变压器还分为干式自冷式、油没自冷式、油浸风冷式变压器等。不同的变压器，设计和制造工艺也有差异，但其工作原理是相同的。

本节主要以单相双绕组变压器为例来介绍变压器的基本结构和工作原理。学习本节的目的不仅限于讨论变压器本身，而且也是为学习各类电机原理打下必要的基础。

一、变压器的基本结构

变压器由铁芯和绕在铁滗上的一个或多个线圈（又称绕组）组成。

　　铁范的作用是构成变压器的磁路。为了减小涡流损耗和磁滞损耗，铁范采用厚的高导磁硅钢片交错叠装或卷绕而成，硅钢片的表层涂有绝缘漆，形成绝缘层，以限制涡流；绕组构成变压器的电路。接电源的绕组一般称为一次绕组（初级）或原边，接负载的绕组为二次绕组（次级）或副边，或工作电压高的绕组为高压绕组 .工作电压低的绕组为低压绕组。

　　根据变压器外形的不同，变压器分为 *EI* 形、C 形、环形和 R 形等，如图 7-1 所示。

(a) EI形变压器　　　(b) C形变压器　　　(c) 环形变压器　　　(d) R形变压器

图 7-1 变压器的外形

　　EI 形变压器是使用最为普遍的型号，安装方便、成本相对较低，且在运输过程中损坏率非常低，便于运输。

　　C 形变压器具有损耗低、效率高、节能等特点，主要用于高档音响设备和焊接设备、电抗、高压设备等高档电气设备。

　　环形变压器电效率高，铁涨无气源，叠装系数可高达 95% 以上，铁芯磁导率可取 1.5~1.8T（叠片式铁芯只能取 1.2 1.4 T），电效率高达 95% 以上，空载电流只有叠片式的 10%；其外形尺寸小，质量轻，比叠片式变压器重量可以减轻一半，只要保持铁涨焦面积相等，环形变压器容易改变铁涨的长、宽、高的比例，设计出符合要求的外形尺寸；环形变压器铁芯没有气综，绕组均匀地绕在环形的铁芯上，这种结构导致了振动噪声较小、漏磁小、电磁辐射也小，无须另加屏蔽就可以用到高灵敏度的电子设备上，例如应用在低电平放大器和医疗设备上。

　　R 形变压器比 EI 变压器小 30%，薄 40%，轻 40%；R 形变压器漏磁最小，比 *EI* 形变压器小 10 倍；R 形铁芯变压器产生的热量最少，比 *EI* 形变压器小 50%；R 形变压器不会产生噪声，这一特点远胜 *EI* 形变压器或铁芯有间隔的 C 形变压器；R 形变压器与环形变压器相比，工作性能更强，可靠性更高，绝缘性能强，安装简便；R 形变压器的构造比 *EI* 和 C 形变压器简单，但可靠性和品质都比它们高。

二、变压器的工作原理

（一）变压器的电压变换作用

变压器的一次绕组接上交流电压 u_1，二次侧开路，这种运行状态称为空载运行。图 7-2（a）所示为变压器空载运行的示意图。设一次绕组、二次绕组的匝数分别为 N_1 N_2 当一次绕组加上正弦交流电压 u_1 时，一次绕组就有电流 i_0 通过，并由此而产生磁通势 $N_1 i_0$。该磁通势在铁范中产生主磁通 ϕ 通过闭合铁范，既穿过一次绕组，也穿过二次绕组，于是在一二次绕组中分别感应出电动势 e_1 和 e_2。e_2、e_2 和 ϕ 中的参考方向之间符合在手螺旋定则，由法拉第电磁感应定律可知

$$e_1 = -N_1 \frac{d\Phi}{dt} = -N_1 \frac{d(\Phi_m \sin \omega t)}{dt} = 2\pi f N_1 \Phi_m \sin(\omega t - 90°) \tag{7-1}$$

则 e_1 的有效值为

$$E_1 = \frac{2\pi f N_1 \Phi_m}{\sqrt{2}} = 4.44 f N_1 \Phi_m \tag{7-2}$$

式中，ω 为交流电源的角频率；f 为交流电源的频率，$\omega = 2\pi f$；Φ_m 为主磁通的最大值。

为分析方便，不考虑由于磁饱和性与磁滞性而产生的电流、电动势波形畸变的影响，略去漏磁通的影响，不考虑绕组上电阻的压降（理想变压器），则可认为绕组上电动势的有效值近似等于绕组上电压的有效值，即 $U_1 \approx E_1$。

同理，对二次绕组电路的感应电动势 e_2 的有效值为

$$U_{20} \approx E_2 = 4.44 f N_2 \Phi_m \tag{7-3}$$

从式（7-2）和式（7-3）可见，由于一、二次绕组的匝数 N_1 和 N_2 不相等，故 E_1 和 E_2 的大小是不等的，因而输入电压 U_1（电源电压）输出电压 U_2（负载电压）的大小也是不等的。

一、二次绕组的电压之比为：

$$\frac{U_1}{U_2} \approx \frac{E_1}{E_2} = \frac{N_1}{N_2} = K \tag{7-4}$$

式中，K 称为变压器的变比，亦即一、二绕组的匝数比。可见，当电源电压 U_1 一定时，只要改变匝数比，就可得出不同的输出电压 U_2。

当一、次绕组匝数不同时，变压器就可以把某一数值的交流电压变换为同频率的另一数值的电压，这就是变压器的电压变换作用。当一次绕组匝数比二次绕

组匝数多时，即 $N_1 > N_2, K > 1$，这种变压器称为降压变压器，反之，若二次绕组匝数比一次绕组匝数多时，即 $N_1 < N_2, K < 1$，这种变压器称为升压变压器。

在变压器的两个绕组之间，电路上没有连接。一次绕组外加交流电压后，依靠两个绕组之间的磁耦合和电磁感应作用，使二次绕组产生交流电压。也就是说，一次、二次绕组在电路上是相互隔离的，这就是变压器的隔离作用。

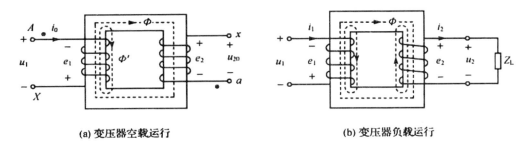

(a) 变压器空载运行　　　　　　　　(b) 变压器负载运行

图 7-2 变压器的工作原理

按照图 7-2（a）中绕组在铁芯上的绕向和 e_1、e_2 的参考方向，若在某一瞬时一次绕组中的感应电动势 e_1 为正值，则二次绕组中的感应电动势和 e_2 也为正值。在此瞬时绕组端点 X 与 x 的电位分别高于 A 与 a，或者说端点 X 与 x、A 与 a 的电位瞬时极性相同。工程上常把具有相同瞬时极性的端点称为同极性端，也称为同名端，通常用"."作标记，如图 7-2（a）所示。

（二）变压器的电流变换作用

如果变压器的二次绕组接上负载，则在二次绕组感应电动势 e_2 的作用下将产生二次绕组电流 I_2，这时一次绕组的电流由 I_0 增大为 I_1，如图 7-2（b）所示。二次侧的电流 I_2 越大，一次侧的电流 I_1 也越大。因为二次绕组有了电流 I_2 时，二次侧的磁通势 $N_2 i_2$ 也要在铁范中产生磁通，即这时变压器铁芯中的主磁通是由一、二次绕组的磁通势共同产生的。

显然，I_2 的出现将有改变铁芯中原有主磁通的趋势。但是，由 $U_1 \approx E_1 = 4.44 f N_1 \Phi_m$ 可知，当电源电压 U_1 和频率 f 不变时，E_1 和 Φ_m 也都近于常数。这就是说，铁芯中主磁通的最大值在变压器空载或有负载时是差不多恒定的。这个结论对于分析交流电机、电器及变压器的工作原理是十分重要的。因此，有负载时产生主磁通的一、二次绕组的合成磁通势 $(N_1 i_1 + N_2 i_2)$ 应该和空载时产生主磁通的原绕组的磁通势 $N_1 i_0$ 差不多相等，即

$$N_1 i_1 + N_2 i_2 \approx N_1 i_0$$

$$(7\text{-}5)$$

式（7-5）称为变压器的磁通势平衡方程式。

变压器的空载电流 i_0 是励磁用的，由于铁芯的磁导率高，空载电流很小，它的有效值 I_0 在原绕组额定电流 I_{1N} 的10% 以内。因此 $N_1 i_0$ 与 $N_1 i_1$ 相比，常可忽略。于是式（7-5）可写成：

$$N_1 \dot{I}_1 \approx -N_2 \dot{I}_2 \qquad (7-6)$$

由式（7-6）可知，一二次绕组的电流关系为

$$\frac{I_1}{I_2} \approx \frac{N_2}{N_1} = \frac{1}{K} \qquad (7-7)$$

式（7-7）表明，变压器一、二次绕组的电流之比近似等于它们的匝数比的倒数，即一次、二次侧电流与匝数成反比。可见，变压器中的电流虽然由负载的大小确定，但是一、次绕组中电流的比值是差不多不变的；因为当负载增加时，I_2 和 $N_2 I_2$ 随着增大，而 I_1 和 $N_1 I_1$ 也必须相应增大，以抵消二次绕组的电流和磁通势对主磁通的影响，从而维持主磁通的最大值近似不变。改变一、二次绕组的匝数比可以改变一、二次绕组电流的比值，这就是变压器的电流变换作用。

（三）变压器的阻抗变换作用

变压器除了能起隔离、变换电压和变换电流的作用外，它还有变换负载阻抗的作用，以实现"匹配"。

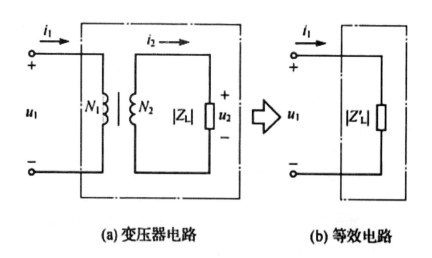

(a) 变压器电路　　　　**(b) 等效电路**

图 7-3 变压器的阻抗变换

在图 7-3（a）中，变压器原边接电源 U_1，负载阻抗模 $|Z|$ 接在变压器二次侧，图中的点划线框部分可以用一个阻抗模 $\left|Z'\right|$ 来等效代替。所谓等效，就是输入电路的电压、电流和功率不变。就是说，直接接在电源上的阻抗模 $\left|Z'\right|$，和接在变压器二次侧的负载阻抗模 $|Z|$ 是等效的。两者的关系可通过下面计算得出。

根据式（7-4）和式（7-7）可得出

$$\frac{U_1}{I_1} = \frac{\dfrac{N_1}{N_2}U_2}{\dfrac{N_2}{N_1}I_2} = \left(\frac{N_1}{N_2}\right)^2 \frac{U_2}{I_2} = K^2\frac{U_2}{I_2}$$

由图 7-3 可知

图 7-3 变压器的阻抗变换

$$\frac{U_1}{I_1} = \left|Z'\right|, \quad \frac{U_2}{I_2} = |Z|$$

代入则得

$$\left|Z'\right| = \left(\frac{N_1}{N_2}\right)^2 |Z| = K^2\,|Z|$$

$$(7\text{-}8)$$

匝数比不同，负载阻抗模 $|Z|$ 折算到原边的等效阻抗模 $\left|Z'\right|$ 也不同，即变压器一次侧的等效阻抗模为二次侧所带负载的阻抗模的 K^2 倍。可以采用不同的匝数比把负载阻抗模变换为所需要的、比较合适的数值，这就是变压器的阻抗变换作用，这种做法通常称为阻抗匹配。在电子电路中，为了提高信号的传输功率，常用变压器将负载阻抗变换为适当的数值，来达到阻抗匹配的目的。

三、变压器的特性

（一）变压器的外特性

变压器运行时，当电源电压 U_1 和负载功率因数 $\cos\varphi_2$ 为常数时，U_2 和 I_2 的变化关系可用曲线 $U_2 = f\left(I_2\right)$ 来表示，该曲线称为变压器的外特性曲线，如图 5.1.5 所示。图中表明，当负载为电阻性和电感性时，U_2 随 I_2 的增加而下降，且感性负载比阻性负载下降更明显；而对于容性负载，U_2 随 I_2 的增加而上升。

二次绕组的电压 U_2 变化程度说明了变压器的性能，一般供电系统需要变压器的硬特性，即通常希望电压 U_2 的变动愈小愈好。从空载到额定负载，二次绕组电压的变化程度用电压变化率 ΔU 表示，即

$$\Delta U = \frac{U_{20} - U_2}{U_{20}} \times 100\%$$

$$(7\text{-}9)$$

在一般变压器中，由于其电阻和漏磁感抗均甚小，电压变化率不大，约为 5% 左右。

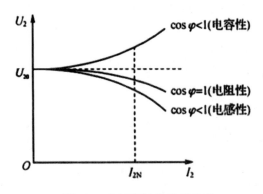

图 7-5 变压器的外特性曲线

在一般变压器中，由于其电阻和漏磁感抗均甚小，电压变化率不大。

（二）变压器损耗和效率

变压器的功率损耗包括铁芯中的铁损 ΔP_{Fe} 和绕组上的铜损 ΔP_{Cu} 两部分。铁损包括由磁滞现象引起铁芯发热造成的磁滞损耗和由交变磁通在铁芯中产生的感应电流（涡流）造成的涡流损耗。为减少涡流损耗，铁芯一般由高磁导率硅钢片叠成。铁损的大小与铁芯内磁感应强度的最大值有关，与负载大小无关；而铜损是由绕组导线电阻的损耗引起的，其大小与负载大小（正比于电流平方）有关。变压器的效率常用以下确定

$$\eta = \frac{P_2}{P_1} = \frac{P_2}{P_2 + \Delta P_{Fe} + \Delta P_{Cu}}$$

(7-10)

式中，P_2 为变压器的输出功率，P_1 为输入功率。

变压器的功率损耗很小，所以效率很高，通常在 95% 以上。在一般电力变压器中，当负载为额定负载的 50% ～ 75% 时，效率达到最大值。

四、几种常用变压器

（一）三相电力变压器

在电力系统中，用于变换三相交流电压且输送电能的变压器，称为三相电力变压器。如图 7-6 所示，它有三个芯柱，各套有一相的一二次绕组。由于三相一次绕组所加的电压是对称的，因此三相磁通也是对称的，二次侧的电压也是对称的。为散去运行时由于本身的损耗所发出的热量，通常铁芯和绕组都浸在装有绝缘油的油箱中，通过油管将热量散发到大气中。考虑到油会热胀冷缩，故在变压器油箱上置一个储油柜和油位表，此外还装有一根防爆管，一旦发生故障（例如

短路事故）产生大量气体时，高压气体将冲破防爆管前端的塑料薄片而释放，从而避免变压器发生爆炸。

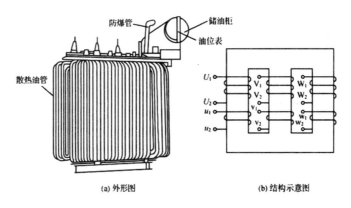

图 7-6 三相电力变压器

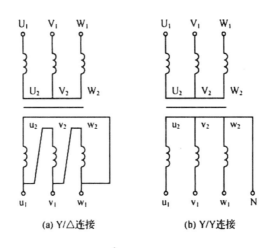

图 7-7 三相变压器的接法

　　三相变压器的一二次绕组可以根据需要分别接成星形（Y）或三角形（$\triangle$）。三相电力变压器的常见连接方式是 Y-Y 和 Y-$\triangle$，如图 7-7 所示。其中 Y-$\dot{Y}$ 连接常用于车间配电变压器，$\dot{Y}$ 表示有中性线引出的星形连接，这种接法不仅给用户提供了三相电源，同时还提供了单相电源。通常使用的动力和照明混合供电的三相四线制系统，就是用这种连接方式的变压器供电的，Y-$\triangle$ 连接的变压器主要用在变电站做降压或升压用。

（二）自耦变压器

　　图 7-8 所示的是一种自耦变压器，其结构特点是二次绕组是一次绕组的一部分。二次绕组电压之比和电流之比分别为

$$\frac{U_1}{U_2} = \frac{N_1}{N_2} = K, \quad \frac{I_1}{I_2} = \frac{N_2}{N_1} = \frac{1}{K}$$

实验室中常用的调压器就是一种可改变副绕组匝数的自耦变压器，它可以均匀地改变输出电压，图 7-9 所示就是单相自耦变压器的外形和原理电路图。除了单相自耦变压器之外，还有三相自耦变压器。但使用自耦变压器时应注意：输入端应接交流电源，输出端接负载，不能接错，否则有可能将变压器烧坏；使用完毕后，手柄应退回零位。

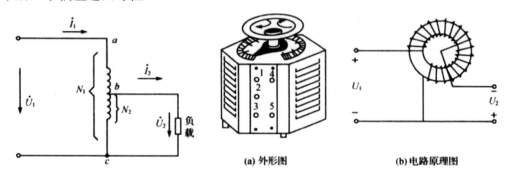

(a) 外形图　　　　　　　　(b) 电路原理图

图 7-8 自耦变压器　　　　　图 7-9 调压器的外形和电路

（三）互感器

互感器是配合测量仪表专用的小型变压器，使用互感器可以扩大仪表的测量范围，因为要测量交流电路的大电流或高电压时，电流表或电压表的量程是不够的。此外，为保证人身与设备的安全，通常使测量仪表与高压电路隔开。根据用途不同，互感器分为电压互感器和电流互感器两种。

电流互感器的外形及接线图如图 7-10 所示。一次绕组的历数很少，一般只有一匝或几匝，用粗导线绕成，它串联在被测电路中。二次绕组的匝数较多，用细导线绕成，它与电流表或其他仪表及继电器的电流线圈相连接，其工作原理与双绕组变压器相同。

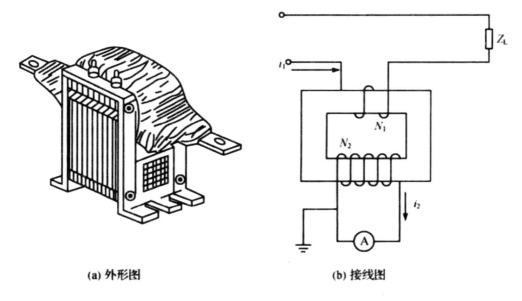

(a) 外形图　　　　　　(b) 接线图

图 7-10 电流互感器的外形及接线图

根据变压器原理，可认为

$$I_1 = \frac{N_2}{N_1} = K_i$$

或

$$I_1 = \frac{N_2}{N_1} I_2 = K_i I_2$$

（5-11）

式中 K_i 为电流互感器的变换系数。

由式（7-11）可知，利用电流互感器可将大电流变换为小电流。电流表的读数 I_2 乘以变换系数 K_i 即为被测的大电流 I_1。通常在使用时，为和仪表配套，电流互感器不管原边电流多大，通常副边电流的额定值为 $1A$ 或 $5A$。

电流互感器正常工作时，不允许二次绕组开路，否则会烧毁设备，危及操作人员安全。这是因为它的一次绕组是与负载串联的，其中电流的大小 I_1 是决定于负载的大小，不是决定于二次绕组电流 I_2。所以，当二次绕组电路断开时，二次绕组的电流和磁通势立即消失，但是一次绕组的电流 I_1 未变。这时铁芯内的磁通全由一次绕组的磁通势 N_1I_1 产生，结果造成铁芯内有很大的磁通（因为这时二次绕组的磁通势为零，不能对原绕组的磁通势起去磁作用了）。这一方面使铁损大大增加，从而使铁范发热到不能允许的程度；另一方面又使二次绕组的感应电动势增高到危险的程度。此外，为安全起见，必须同时把铁壳和二次绕组的一端接地。

测流钳（钳形表）是电流互感器的一种变形，它是将电流互感器和电流表组装成一体的便携式仪表。它的铁芯是可以开合的，如同一钳，用弹簧压紧。测量时将钳压开而套进被测电流的导线，这时该导线就是一次绕组，二次绕组绕在铁芯上并与电流表接通，闭合铁芯后即可测出电流，使用非常方便，其量程一般为 $5\sim100A$。利用测流钳可以随时随地测量线路中的电流，不必像普通电流互感器那样必须固定在一处或者在测量时要断开电路而将原绕组串接进去。

电压互感器是一种一次绕组匝数较多而二次绕组匝数较少的小型降压变压器，它的构造与普通双绕组变压器相同。其外形和接线如图 7-12 所示，一次侧与被测电压的负载并联，而二次侧与电压表相接。电压互感器一次与二次电压关系为

$$U_1 = \frac{N_1}{N_2}U_2 = K_i U_2$$

$$(7-12)$$

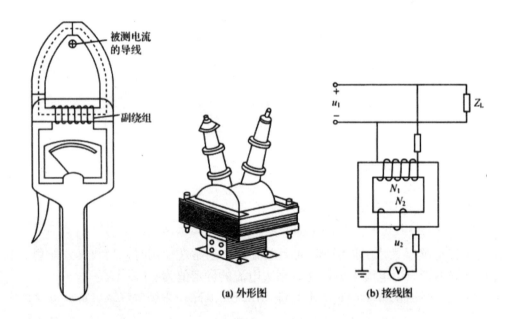

图 7-11 测流钳图　　　　图 7-12 电压互盛器的外形及接线图

由式（7-12）可知，它先将被测电网或电气设备的高压降为低压，然后用仪表测出二次绕组的低压 U_2，把其乘以变换系数 K_1，就可以间接测出一次侧高压值 U_1。实际使用时，为使与电压互感器配套使用的仪表标准化，不管一次侧高压多大，通常二次侧低压额定值均为 $100V$，以便统一使用 $100V$ 标准的电压表。

为确保安全，使用电压互感器，正常运行时二次绕组不应短路，否则将会烧坏互感器。同时为了保证人员安全，高压电路与仪表之间应有良好的绝缘材料隔开，而且，必须把铁壳和二次侧的一端安全接地，以免绕组间绝缘击穿而引起

触电。

（四）电焊变压器

电焊变压器的工作原理与普通变压器相同，但它们的性能却有很大差别。电焊变压器的一二次绕组分别装在两个铁芯柱上，两个绕组漏抗都很大。电焊变压器与可变电抗器组成交流电焊机，如图 7-13（a）所示。电焊机具有如图 7-13（b）所示的陡降外特性，空载时，$I_2 = 0$，I_1 很小，漏磁通很小，电抗无压降，有足够的电弧点火电压，其值约为 60~70V；焊接开始时，交流电焊机的输出端被短路，但由于漏抗和交流电抗器的感抗作用，短路电流虽然较大但并不会剧烈增大。

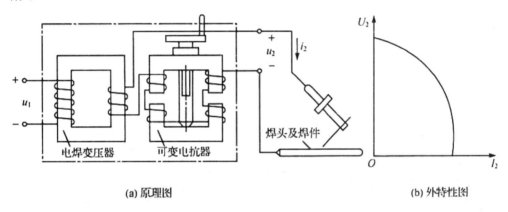

(a) 原理图　　　　　　　　　　　　(b) 外特性图

图 7-13 电焊变压器的工作原理

焊接时，焊条与焊件之间的电弧相当于一个电阻，电阻上的压降为 30V 左右。当焊件与焊条之间的距离发生变化时，相当于电阻的阻值发生了变化，但由于电路的电抗比电弧的阻值大很多，所以焊接时电流变化不明显，保证了电弧的稳定燃烧。

五、变压器主要技术参数

为了正确使用变压器，应了解和掌握变压器的一些技术参数。制造厂通常将常用技术参数标在变压器的铭牌上。下面介绍变压器一些主要技术参数的意义。

（一）额定电压

额定电压是根据变压器的绝缘强度和允许温升而规定的电压值，以 V 或 KV 为单位。额定电压 U_{1N} 是指变压器一次侧（输入端）应加的电压，U_{2N} 是指输入端加上额定电压时二次侧的空载电压。在三相变压器中额定电压都是指线电压。在供电系统中，变压器二次侧的空载电压要略高于负载的额定电压。

（二）额定电流

变压器额定电流是指在额定电压和额定环境温度下，使一二次绕组长期允许通过的线电流，单位为 A 或 KA。变压器的额定电流有一次侧额定电流 I_{1N} 和二次侧额定电流 I_{2N}。在三相变压器中 I_{1N} 和 I_{2N} 都是指其线电流。

（三）额定容量

额定容量 S_N 为额定视在功率，表示变压器输出电功率的能力，单位为 V·A 或 KV·A。

第二节 三相异步电动机的构造

三相异步电动机由定子（固定部分）和转子（旋转部分）两个基本部分组成，定子与转子之间有一个很窄的气綜。图 7-14 所示为三相异步电动机的外形和构造图。其中图（a）为外形图，图（b）为结构图。

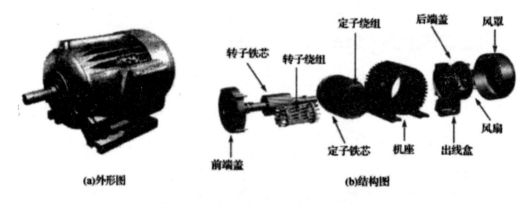

图 7-14 三相异步电动机的外形及结构图

一、定子

三相异步电动机的定子主要由机座、定子铁范和定子绕组等构成。机座用铸钢或铸铁制成，只作为支漳电动机各部件之用，并不是磁路和电路的一部分；定子铁芯作为电动机磁通的通路，一般用厚 0.35~0.5mm 且涂有绝缘漆的硅钢片叠成，并固定在机座中，以减少磁滞涡流、铁范损耗。在定子铁范的内圆周上有均匀分布的槽用来放置三相定子绕组，一般大、中型电动机定子铁芯沿轴线长度上每隔一定距离有一条通风沟，以利于散热，定子铁泄的外形及结构图如图 7-15 所示；定子绕组作为电动机的电路部分，由喘箕在定子铁范槽中彼此独立的绝缘导线绕制而成。三相异步电动机具有三相对称的定子绕组，称为三相绕组，在定子绕组上通以三相交流电就能产生合成旋转磁场。

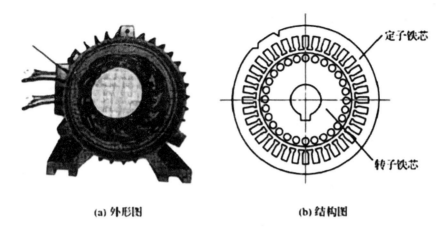

(a) 外形图   (b) 结构图

图 7-15 定子铁芯的外形及结构图

三相定子绕组引出 U_1U_2, V_1V_2, W_1W_2（或 X , B , C ）六个出线端，其中 $U_1(A)$、$V_1(B)$、$W_1(C)$ 为开始端，$U_2(X)$、$V_3(Y)$、$W_2(Z)$ 为末端，如图 7-16（a）所示。使用时可以连接成星形或三角形两种方式。高压大、中型异步电动机定子绕组常用 Y 形连接，只有三条引线。而低压中、小容量电动机通常把定子三相绕组六个出线端都有引出来，根据供电电压情况接成 Y 形或 Δ 形，具体采用何种接法，可从机壳铭牌上清楚地了解到。如果电源的线电压等于电动机每相绕组的额定电压，那么三相定子线组应采用三角形连接方式，如图 7-16（b）所示。如果电源线电压等于电动机每相绕组额定电压的 $\sqrt{3}$ 倍，那么三相定子绕组应采用星形连接，如图 7-16（c）所示。

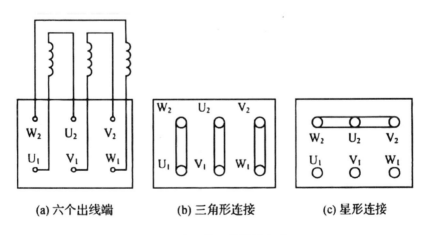

(a) 六个出线端   (b) 三角形连接   (c) 星形连接

图 7-16 定子绕组的接线方式

二、转子

三相异步电动机转子包括转子铁芯、转子绕组、转轴等。转子铁芯装在转轴上，是电动机磁路的一部分，一般厚也用 0.35~0.5mm 的优质绝缘的硅钢片叠压而成的圆柱体，圆柱体外圆均匀地冲槽，用来放置转子绕组；转子的转轴固定在铁芯中央，支潼在端盖与轴承座上，用于加机械负载；转子绕组根据构造的不同可分为两种，一种是鼠笼式绕组，另一种为绕线式绕组。它们只是在转子结构不同，但工作原理基本一样。

此外，定子与转子之间有间综，这个间隐称为三相异步电动机的气隙。气隙的大小直接影响异步电动机的性能，气隙大则磁阻大，电动机的功率因数会降低；气综小，可降低电动机的空载电流，提高功率因数。当然，气隙的大小还影响装配问题和运行的可靠性等问题。异步电动机气综的数值一般很小，仅 0.2~0.5mm。

鼠笼式三相电动机的转子绕组是由嵌放在转子铁范槽内的裸铜或裸铝条组成的。在转子铁范的两端槽的出口处各有一个导电铜环，并把所有的铜条或铝条连接起来，形成一个短路回路。因此，如果去掉转子铁芯，剩下的转子绕组很像一个鼠笼子（见图 7-17），所以称为鼠笼式转子。笼式异步电动机的"鼠笼"是它的构造特点，易于识别。目前，很多中小型（100KW 以下）鼠笼式电动机的鼠笼式转子绕组普遍采用铸铝制成，并在端环上铸出多片风叶作为冷却用的风扇（见图 7-18），这样的转子由于是一次浇铸成形的，不仅制造简单而且坚固耐用。图 7-14（b）是一台鼠笼式电动机拆散后的形状。

绕线式三相异步电动机的转子结构比笼式要复杂得多，但绕线转子异步电动机能获得较好的启动与调速性能，在需要大启动转矩时，如起重机械往往采用绕线转子异步电动机。绕线式三相异步电动机的转子外形如图 7-19（a）所示，绕线式异步电动机的转子绕组同定子绕组一样也是三相的，它连接成星形。每相绕组的始端连接在三个铜制的滑环上，消环固定在转轴上和转子一起旋转。环与环，环与转轴之间都是互相绝缘的，在环上用弹簧压着碳质电刷。通过电刷将转子绕组与外部电路相连，在启动和调速时可在转子电路中串入附加电阻，以改善启动性能或调节电动机的转速，如图 7-19（b）所示。人们通常是根据绕线式异步电动机具有三个滑环的构造特点来辨认它的。

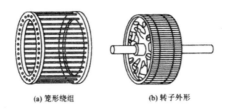

(a) 笼形绕组　　　　(b) 转子外形

图 7-17　笼式转子　　　　图 7-18　铸铝的笼式转子

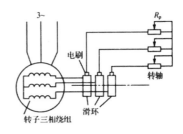

(a) 转子外形图　　　　　　(b) 转子调速示意图

图 7-19　绕线式三相异步电动机转子示意图

　　自笼式三相异步电动机由于构造简单、价格低廉、工作可靠、使用方便而成为应用最广的一种电动机，但是，其不能人为改变电动机的机械特性。绕线式三相异步电动机结构复杂、价格较贵、维护工作量大，但是，其转子外加电阻可人为改变电动机的机械特性。

第三节　三相异步电动机的转动原理

　　三相异步电动机接上电源就会转动，这是什么原理呢？为了说明这个转动原理，我们先来回忆高中时做过的演示实验。

　　如图 7-20 所示，装有手柄的蹄形磁铁极间放有一个可以自由转动的鼠笼转子。磁极和转子之间没有机械联系。当用力摇动磁极时，发现转子跟着磁极一起转动，手摇得快，转子也转得快。摇得慢，转子转动得也慢，如果用手反向摇动磁极，转子马上就反转。

　　从这个演示实验中可以得出两点启示：

　　（1）转子若要转动起来，需有一个旋转磁场；

　　（2）转子转动的方向和磁场旋转的方向相同。三相异步电动机转子转动的原理是与上述演示相似的，因此，在三相异步电动机中，只要有一个旋转磁场和一个可以自由转动的转子就可以了。那么，在三相异步电动机中，磁场从何而来，又怎么还会旋转呢？下面就先来讨论这个问题。

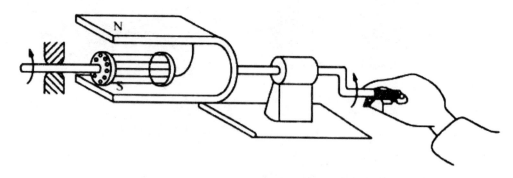

图 7-20　异步电动机模型

一、旋转磁场

（一）旋转磁场的产生

三相异步电动机的定子绕组嵌放在定子铁芯槽内，按一定规律连接成三相对称结构。三相绕组 U_1U_2、V_1V_2　W_1W_2 在空间上互成 $120°$，它可连接成星形，也可连接成三角形。当三相绕组连接成星形，接在三相电源上（见图 7-21（a）），绕组中便通入三相对称电流

$$i_A = I_m \sin \omega t, \quad i_B = I_m \sin(\omega t - 120°), \quad i_C = I_m \sin(\omega t + 120°)$$

其波形如图 7-21（b）所示。取绕组始端到末端的方向作为电流的参考方向，在电流的正半周时，其值为正，其实际方向与参考方向一致；在负半周时，其值为负，其实际方向与参考方向相反，如图 7-21（c）所示，图中 ⊙ 表示导线中电流从里面流出来，其值为负；⊗ 表示电流向里流进去，其值为正。

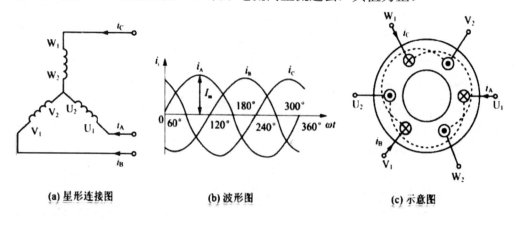

(a) 星形连接图　　　　(b) 波形图　　　　(c) 示意图

图 7-21　三相对称电流

当 $\omega t = 0°$ 时，定子绕组中的电流方向如图 7-21（a）所示这时 i_A 为零，i_B 是负的，i_C 是正的。此时 U 相绕组电流为零；V 相绕组电流为负值，i_B 的实际方向与参考方向相反，即电流自 V_2 流向 V_1；W 相绕组电流为正值，i_C 的实际方向与参考方向相同，即电流自 W_1 流向 W_2。按右手螺旋定则可得到各个导体中电流所产生的磁场，将每相电流所产生的磁场相加，便得出三相电流的合成磁场。在 7-21（a）中，合成磁场是一个两极磁场，且磁场轴线的方向是自右向左。

当 $\omega t = 60°$ 时，定子绕组中的电流方向如图 7-22（b）所示。这时 i_A 是正的，i_B 是负的，i_C 为零。此时的合成磁场如图 7-22（b）所示，合成磁场也是一个两极磁场，且磁场轴线方向是自右下方向左上方的，从图中可以看出，这个两极磁场的空间位粗和 $\omega t = 0°$ 时相比，已按顺时针方向转了 $60°$。

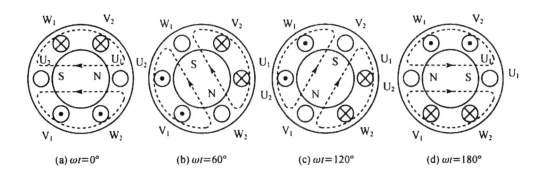

(a) $\omega t = 0°$ (b) $\omega t = 60°$ (c) $\omega t = 120°$ (d) $\omega t = 180°$

图 7-22 三相对称电流产生的旋转磁场

同理可得在 $\omega t = 120°$ 和 $\omega t = 180°$ 时三相电流的合成磁场，，如图 7-22（c）和 7-22（d）所示，它们与 $\omega t = 0°$ 时的合成磁场相比，又分别在空间上转过了 $120°$ 和 $180°$。按上面的分析，可以证明：当三相电流不断地随时间变化时，所建立的合成磁场也不断地在空间旋转。

由此可以得出结论：三相正弦交流电流通过电机的三相对称绕组，在电机中所建立的合成磁场是随电流的交变而在空间不断地旋转的，即该磁场是旋转磁场。这个旋转磁场和磁极在空间旋转所产生的作用是一样的，如图 7-20 所示。

（二）旋转磁场的转向

旋转磁场的旋转方向与绕组中电流 i_A, i_B, i_C 的顺序有关，也称相序，相序 U、V、W 顺时针排列，绕组中电流到达正最大值的顺序也为 $U \rightarrow V \rightarrow W$，合成旋转磁场的轴线也与这一顺序一致，即磁场顺时针方向旋转。由此可得出：旋转磁场的转向与各相绕组通入电流的相序相关，它总是从电流领先的一相绕组向电流滞后的一相绕组的方向转动。

若在电源三相端子相序不变的情况下，将与电源连接的三根导线中任意两根的首端对调位置，这样定子绕组通入电流的相序就得到改变。例如将 B 相电流通人 W 相绕组中，C 相电流通人 V 相绕组中，则电流按 $U \to W \to V$ 顺序出现最大值，相序变为：$U \to W \to V$。采用与前面相同的分析方法，可推出磁场必然逆时针方向旋转，如图 7-23 所示。利用这一特性可很方便地改变三相异步电动机的旋转方向。

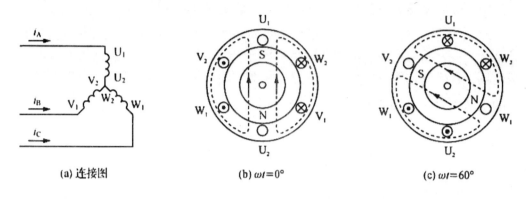

(a) 连接图   (b) $\omega t=0°$ (c) $\omega t=60°$

图 7-23 旋转磁场的反转

（三）旋转磁场的极数

旋转磁场的磁极对数与定子绕组的结构安排有关，磁极对数用 p 来表示。通过适当的安排，可产生多磁极对数的旋转磁场。旋转磁场的磁极对数决定了旋转磁场的极数，三相异步电动机的极数就是旋转磁场的极数，它同样也是由三相绕组的结构安排所决定的。

由于旋转磁场的转子转速与交流电的变化速度（频率）有关，在图 7-21 的情况下，当每相绕组只有一个线圈时，绕组的始端之间相差 1200 空间角，则产生的旋转磁场具有一对磁极，即 p=1。当交流电流变化一周（即电流变化 3600），旋转磁场也转过一圈，如图 7-21 所示。如将定子绕组安排得如图 7-24（a），（b）那样，即每相绕组是由两个线圈串联而成，绕组的始端之间相差 600 空间角，则产生的旋转磁场具有两对极，即 p=2，如图 7-24（c）所示。

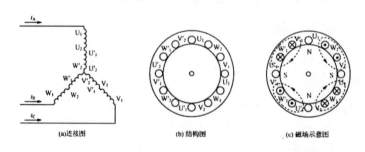

(a)连接图   (b) 结构图   (c) 磁场示意图

7-24 产生四极旋转磁场的定子绕组（p=2）

同理，如果需要产生三对磁极（6 极），即 $p=3$ 的旋转磁场，则每相绕组应有均匀安排在空间的串联的三个线圈，绕组的始端之间相差 $\frac{120°}{3}=40°$ 的空间角。

（四）旋转磁场的转速（同步转速 n_0）

三相异步电动机的转速与旋转磁场的转速有关，旋转磁场的转速由磁场的极数所决定。在 $p=1$ 的情况下（见图 7-25），当电流从 $\omega t=0$ 到 $\omega t=60°$ 经历了 $60°$ 时，磁场在空间也旋转了 $60°$，当电流交变了一次（变化 $360°$）时，旋转磁场恰好在空间旋转一周。设电流的频率为 f，即电流每秒钟变化 f 次，每分钟变化 $60f$ 次，于是旋转磁场的转速为 $n_0=60f$，其单位为转每分（r/min）。

在旋转磁场具有两对磁极的情况下，即 $p=2$ 的情况下（由图 7-25 可知），当电流也从 $\omega t=0$ 到 $\omega t=60°$ 经历了 $60°$ 时，而磁场在空间仅旋转了 $30°$。也就是说，当电流变化一周时，磁场仅旋转了半周，比 $p=1$ 时的转速慢了一半，即 $n_0=60f/2$。

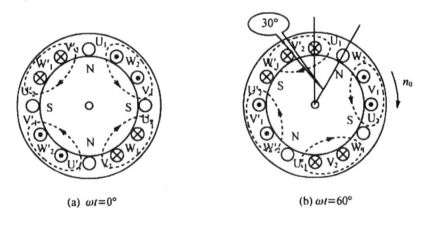

(a) $\omega t=0°$　　　　　(b) $\omega t=60°$

图 7-25 三相电流产生的旋转磁场（$p=2$）

同理，在三对磁极的情况下，电流交变一次，磁场在空间仅旋转了 $1/3$ 周，只有 $p=1$ 时转速的 $1/3$，即 $n_0=60f/3$，由此可推广到 p 对磁极时，旋转磁场的转速为

$$n_0=\frac{60f}{p} \tag{7-13}$$

因此，旋转磁场的转速 n_0 又称同步转速），它是由电源的频率 f 和磁极对数 p 所决定的，而磁极对数 P 又由三相绕组的安排情况所确定，由于受所用线国、铁芯的尺寸大小、电动机体积等条件的限制，p 值不能无限大。对某一异步电动机讲，f 和 p 通常是一定的，所以磁场转速 n_0 是个常数。

我国工业交流电频率是 50HZ，于是由式（7-20）可得出对应于不同极对数 p 的旋转磁场转速 n_0（r/min）。

二、电动机的转动原理和转差率

（一）转动原理

三相异步电动机工作原理如图 7-26 所示。当三相定子绕组接至三相电源后，三相绕组内将流过三相电流并在电机内建立旋转磁场，当 $P=1$ 时，图中用一对旋转的磁铁来模拟该两极旋转磁场，它以恒定同步转速 n_0（旋转磁场的转速）逆时针方向旋转。在该旋转磁场的作用下，转子导体（铜或铝）顺时针方向切割磁通而产生感应电动势。感应电动势的方向可由右手定则确定，根据右手定则可知，在 N 极下的转子导体的感应电动势的方向是垂直于纸面向里的，而在 S 极下的转子导体的感应电动势方向是垂直于纸面向外的，如图 7-26 所示。在这里应用右手定则时，是假设磁极不动，而转子导体向顺时针方向旋转切割磁力线，这与实际上磁极逆时针方向旋转时磁力线切割转子导体是相当的。

由于转子绕组是短接的，所以在感应电动势的作用下，将在转子绕组中产生感应电流，即转子电流。由于异步电动机的转子电流是由电磁感应而产生的，因此这种电动机又称为感应电动机。这个电流又与旋转磁场相互作用，而使转子导条受到电磁力 F，电磁力的方向可应用左手定则来确定。根据左手定则可知，在 N 极下的转子导体的受力方向是向左的，而在 S 极下的转子导体的受力方向是向右的，如图 7-26 所示。各个载流导体在旋转磁场作用下受到的电磁力对于转子转轴所形成的转矩称为电磁转矩 T，在 T 的作用下，电动机的转子就转动起来。由图 7-26 可知，转子导体所受电磁力形成的电磁转矩与旋转磁场的转向一致，故转子旋转的方向与旋转磁场的方向相同，这就是图 7-20 的演示中转子殒着磁场转动的原因 . 任意调换电源的两根进线，使旋转磁场反转时，电动机也跟着反转。

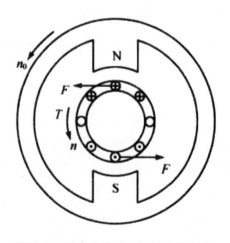

图 7-26 异步电动机工作原理示意图

（二）转差率

一般情况下，电动机转速 n 接近而略小于旋转磁场的同步转速 n_0。由前面分析可知，电动机转子转动方向与磁场旋转的方向一致，如果转子转速达到 n_0，那么转子与旋转磁场之间就没有相对运动，转子导体将不切割磁通，于是转子导体中不会产生感应电动势和转子电流，也不可能产生电磁转矩，所以电动机转子不可能维持在转速 n_0 状态下运行，即转子的转速 n 与旋转磁场的同步转速 n_0 之间必须要有差别，因此这种电动机称为异步电动机。

异步电动机的转子转速 n 与旋转磁场的同步转速 n_0 之差是保证异步电动机工作的必要因素，这两个转速之差称为转差。通常把转差与同步转速之比再乘以 100% 称为转差率，用 s 表示。即

$$s = \frac{n_0 - n}{n_0} \times 100\%$$

（7-14）

式（7-2）也可写为

$$n = (1 - s)n_0$$

（7-15）

转差率是异步电动机的一个重要的物理量。转子转速越接近磁场转速，则转差率越小。由于异步电动机的转速 $n < n_0$，且 $n_0 > 0$，故转差率在 $0 \sim 1$ 的范围内，即 $0 \leqslant s \leqslant 1$。对于常用的三相异步电动机，在额定负载时的额定转速 n 很接近同步转速 n_0，所以它的额定转差率 s 很小，约为 $1\% \sim 7\%$。当 $n = 0$ 时（启动初始瞬间），$s = 1$，这时转差率最大。

第四节　三相异步电动机的电路分析

三相交流异步电动机每一相的等效电路类似于单相变压器，图 7-27 是三相异步电动机的每一相电路图。和单相变压器相比，三相异步电动机定子绕组相当于变压器的一次绕组，短接的转子绕组相当的二次绕组（变压器的二次绕组一般不允许短接），其电磁关系也同变压器类似，两者电路的电压方程也是相当的，当定子绕组接三相电源电压 u_1 时，则有三相电流 i_1 通过。定子三相电流产生旋转磁场，其磁通通过定子和转子铁范而闭合。旋转磁场在定子绕组和转子绕组分别感应产生电动势 e_1 和 e_2。此外，漏磁通产生的漏磁电动势分别为 e_0 和 $e_{\Delta 2}$。为分析方便，设定子和转子每相绕组的匝数分别为 N_1 和 N_2。

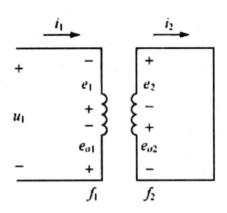

图 7-27 三相异步电动机每相电路图

一、定子电路

1. 旋转磁场的磁通 ϕ

定子每相电路的电压方程和变压器原绕组电路一样，若忽略定子每相绕组的电阻和消磁感抗，和变压器一样，也可得出

$U_1 \approx E_1$

和

$$E_1 = 4.44 f_1 N_1 \Phi \approx U_1 \quad (7\text{-}16)$$

式中，Φ 是通过每相绕组的磁通最大值，在数值上它等于旋转磁场的每级磁通；f_1 是 e_1 的频率。由式（7-16）可推出

$$\Phi \approx \frac{U_1}{4.44 f_1 N_1}$$

$$(7\text{-}17)$$

由式 7-17 可以看出旋转磁场的磁通 Φ 与电源电压 U_1 成正比。

（二）定子感应电动势的频率 f_1

定子感应电动势的频率 f_1 与磁场和导体间的相对速度有关，因为旋转磁场与定子导体间的相对速度为 n_0，所以

$$f_1 = \frac{p n_0}{60}$$

$$(7\text{-}18)$$

即等于电源或定子电流的频率。

二、转子电路

（一）转子频率 f_2

因定子导体与旋转磁场间的相对速度固定，而转子导体与旋转磁场间的相对速度随转子的转速不同而变化，所以旋转磁场切割定子导体和转子导体的速度不同，故定子感应电势频率就和转子感应电势频率 f_2 不同，这一点和变压器有显著的不同。转子频率取决于转子和旋转磁场的相对速度，因为旋转磁场和转子间的相对转速为 $(n_0 - n)$，所以转子频率

$$f_2 = \frac{p(n_0 - n)}{60} = \frac{n_0 - n}{n_0} \times \frac{pn_0}{60} = sf_1$$

（7-19）

由式（7-19）可见，转子频率 f_2 与转差率 S 成正比，转差率 S 大，转子频率 f_2 随之增加，也就是转子频率 f_2 与转子转速 n 有关。

当三相异步电动机初始启动时 $(n=0, s=1)$，转差率 S 最大，转子与旋转磁场间的相对转速最大，转子导体被旋转磁通切割得也最快，所以 f_2 最高，即 $f_2 = f_1$。三相异步电动机在额定负载时 $s = 1\% \sim 7\%$，则 $f_2 = 0.5 \sim 3.5 HZ (f_1 = 50HZ)$。

（二）转子电动势 E_2

和定子绕组电动势 e_1 的有效值的计算公式相类似，转子在转动时的电动势 e_2 的有效值为

$$E_2 = 4.44 f_2 N_2 \Phi = 4.44 s f_1 N_2 \Phi$$

（7-20）

在 $n=0, s=1$ 时，f_2 最高，且转子电动势 E_2 最大，转子在静止时电动势为

$$E_{20} = 4.44 f_1 N_2 \Phi$$

（7-21）

由式（7-20）和式（7-21）可得

$$E_2 = s E_{20}$$

（7-22）

由式（7-22）见转子电动势 E_2 与转差率 s 成正比，转差率 s 越大，转子电动势 E_2 越大。

（三）转子感抗 $\mathbf{X}_2$

由感抗的定义可知，转子感抗 X_2 与转子频率 f_2 有关，即

$$X_2 = 2\pi f_2 L_{\sigma 2} = 2\pi s f_1 L_{o2}$$

（7-23）

在 $n=0, s=1$ 时，转子感抗为

$$X_{20} = 2\pi f_1 L_{o2}$$

（7-24）

由式（7-23）和（7-24）可得出

$$X_2 = sX_{20} \quad\quad\quad (7\text{-}25)$$

可见转子感抗 X_2 与转差率 s 有关。转差率 s 越大，转子转子感抗 X_2 越大，且 $n=0, s=1$ 时，转子感抗取最大值。

（四）转子电流 I_2

如果考虑到每相转子绕组的电阻 R_2，则转子每相电路的电流

$$I_2 = \frac{E_2}{\sqrt{R_2{}^2 + X_2{}^2}} = \frac{sE_{20}}{\sqrt{R_2{}^2 + \left(sX_{20}\right)^2}}$$

$$(7\text{-}26)$$

由式（7-26）可知，转子电流 I_2 也与转差率 s 有关。当 s 增大，即转子转速 n 降低时，转子与旋转磁场间的转差 $\left(n_0 - n\right)$ 增加，转子导体切割磁通的速度提高，于是 E_2 增加，I_2 也增加。I_2 随 s 变化的关系可用图 7-28 的曲线表示。

（五）转子电路的功率因数 $\cos\varphi_2$

如果考虑到每相转子的漏磁通，则转子电路的功率因数为

$$\cos\varphi_2 = \frac{R_2}{\sqrt{R_2^2 + X_2^2}} = \frac{R_2}{\sqrt{R_2^2 + \left(sX_{20}\right)^2}}$$

$$(7\text{-}29)$$

由式（7-29）可知，转子电路的功率因数 $\cos\varphi_2$ 也与转差率 s 有关。如果 s 增大，X_2 也增大，即式（7-29）的分母增大，所以 $\cos\varphi_2$ 减小。$\cos\varphi_2$ 随 s 的变化关系也在图 7-28 中。

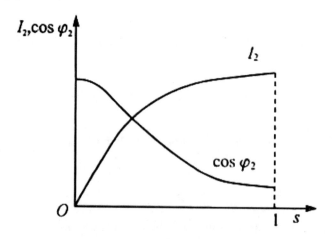

图 7-28 I_2 和 $\cos\varphi_2$ 与 s 的关系曲线

由上述分析可知：三相交流异步电动机和变压器有不同之处是，后者是带

负载的，静止的，电动势的频率与原绕组相同；前者是短接的，转动的，转子电动势的频率 f_2 与定子绕组电动势的频率（即为电源频率）不相等。转子转动时，转子电路的各个物理量，如电动势、电流、频率、感抗及功率因数等都与转差率 s 有关，亦即与转速 n 有关。这是学习电动机时应注意的一个特点。

第五节　三相异步电动机的机械特性

三相异步电动机主要用于驱动各类机械设备，因此三相异步电动机在正常运行时，主要分析考虑其电磁转矩 T 和它的机械运行特性。

一、异步电动机的电磁转矩

三相异步电动机的电磁转矩 T 是由旋转磁场的每极磁通 Φ 与转子电流 I_2 相互作用而产生的，它是转子中各载流导体在旋转磁场的作用下，受到的电磁力对转轴所形成的转距之总和，是反映电动机做功能量的一个量。可以证明三相异步电动机的电磁转矩为

$$T = K_{\mathrm{T}}\Phi I_2 \cos\varphi_2 \tag{7-30}$$

式中：K_{T} 是与电动机结构有关的常数，Φ 是旋转磁场的每极磁通，I_2 是转子电流，$\cos\varphi_2$ 是转子电路的功率因数，电磁转矩 T 的单位为牛[顿]米 (N·m)。

将式（7-16）、式（7-21）、式（7-26）、式（7-27）代入式（7-30）可得

$$T = K_{\mathrm{T}} \times \frac{U_1}{4.44 f_1 N_1} \times \frac{s\left(4.44 f_1 N_2 \Phi\right)}{\sqrt{R_2^2 + \left(sX_{20}\right)^2}} \times \frac{R_2}{\sqrt{R_2^2 + \left(sX_{20}\right)^2}}$$

经过化简可得电磁转矩的另一公式

$$T = K \frac{sR_2}{R_2^2 + \left(sX_{20}\right)^2} \times U_1^2$$

$$\tag{7-31}$$

式（7-31）中，$K = K_{\mathrm{T}} N_2 / 4.44 f_1 N_1^2$，是把电动机所有常数确定后的比例常数，这就是三相异步电动机的转矩公式。

由式（7-31）可知：转矩 T 与定子每相绕组电压 U_1 的平方成正比，所以当电源电压有所变动时，对电磁转矩的影响很大，即当电源电压 U_1 下降很少时，电磁转矩会下降很多（见图 7-30（a）），这也是当电源电压低于额定电压时，电动机不能长期正常工作的原因；当电源电压 U_1 一定时，T 是转差率 S 的函数；此外，R_2 的大小对 T 也有影响（见图 7-30（b）），这就是绕线型异步电动机可外

接电阻来改变转子电阻 R_2 ，从而改变电动机电磁转距的原因。

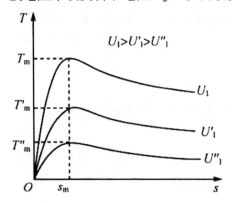

(a) 不同电源电压对电动机转矩的影响

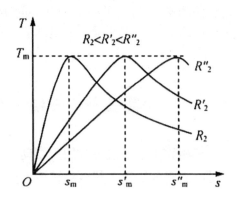

(b) 不同电阻对电动机转矩的影响

图 7-29 不同电源电压和电阻对电动机转矩的影响

二、机械特性曲线

在一定的电源电压 U_1 和转子电阻 R_2 之下，电动机产生的电磁转矩 T 与转差率 s 之间的关系曲线 $T = f(s)$ 或转子转速 n 与电磁转矩 T 之间的关系曲线 $n = f(T)$ ，称为电动机的机械特性曲线。由式（7-31）可以绘出如图 7-31（a）所示的 $T = f(s)$ 曲线，将 $T = f(s)$ 曲线的 s 轴变成 n 轴，再把 T 轴平行移到 $n = 0$ ，即 $s = 1$ 处，并将其换轴后的坐标轴顺时针方向旋转 $90°$ ，就得到如图 7-30（b）所示 $n = f(T)$ 曲线。

研究机械特性的目的是分析电动机的运行性能。在机械特性曲线上，应关注机械特性曲线上的三个特殊转矩及运行特性，如图 7-31 所示。

（一）额定转矩 T_N

三相异步电动机在额定电压 U_1 和额定负载下，以额定转速 n_N 运行，输出额定功率 P_N 时，电动机转轴上输出的电磁转矩称为额定转矩 T_N 。如图 7-30（b）所示曲线中的 c 点是额定转矩 T_N 和额定转速 n_N 所对应的点，称为额定工作点。异步电动机若运行在该点或附近，其效率及功率因数均较高。下面推导 T_N 的计算公式。

在电动机匀速转动时，其转矩 T 与阻转矩 T_c 相等，而阻转矩 T_c 主要是由机械负载转矩 T_2 和空载损耗转矩（主要是机械损耗转矩） T_0 构成，由于 T_0 很小，常可忽略，所以

$$T \approx T_2 = \frac{P_2}{\omega} = \frac{P_2}{2\pi n / 60}$$

（7-32）

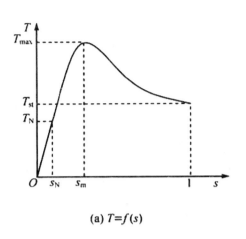

(a) $T=f(s)$

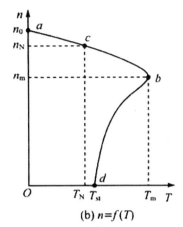

(b) $n=f(T)$

图 7-30 三相异步电动机的机械特性曲线

式（7-32）中，P_2 是电动机轴上输出的机械功率，单位是瓦（W）；角速度 ω 的单位是 rad/s；转矩的单位是牛 - 米（N·m）；转速的单位是转每分（r/min）。如果功率用千瓦为单位，则得

$$T = 9550 \frac{P_2}{n} \tag{7-33}$$

若电机处于额定状态，则可从电机的铭牌上查到额定功率和额定转速的大小，由式（7-33）可得额定转矩的计算公式

$$T_N = 9550 \frac{P_N}{n_N} \tag{7-34}$$

式（7-34）中，P_N 是电动机额定输出功率（KM）；n_N 是电动机额定转速（r/min）；T_N 是电动机额定转矩（N·M）。

（二）最大转矩 T_{max}

从三相异步电动机机械特性曲线上看，其转矩有一个最大值，称为最大转矩 T_{max} 或临界转矩。该值的大小可以通过式（7-74）求出。设对应于最大转矩的转差率为临界转差率 Sm，根据方程极值的定义，对式（7-74）的 S 进行求导并令其等于零可得

$$\frac{\mathrm{d}T}{\mathrm{d}s} = \frac{\mathrm{d}}{\mathrm{d}s}\left(K\frac{sR_2}{R_2^2+\left(sX_{20}\right)^2} \times U_1^2 \right) = K\frac{\left[R_2^2+\left(sX_{20}\right)^2\right]-s\left(2sX_{20}^2\right)}{\left[R_2^2+\left(sX_{20}\right)^2\right]^2}R_2U_1^2 = 0 \tag{7-35}$$

解式（7-35）可得

$$s = s_m = \pm \frac{R_2}{X_{20}}$$

因 S_m 为负值无意义，故取

$$s_m = \frac{R_2}{X_{20}}$$

(7-36)

再将式（7-36）代入式（7-31），可得

$$T_{max} = K \frac{U_1^2}{2X_{20}}$$

(7-37)

由式（7-36）、（7-37）可以看出，T_{max} 与 U_1^2 成正比，所以最大转矩 T_{max} 对电压的波动很敏感，使用时要注意电压的变化；T_{max} 与转子电阻 R_2 无关，即当 U_1 一定时，T_{max} 为定值；s_m 与 R_2 有关，R_2 愈大，s_m 也愈大，转子转速 n 愈小，这是绕线式电机改变转子附加电阻 R_2' 可实现调速的原理。

当负载转矩超过最大转矩时，电动机就带不动负载了，发生所谓堵转（闪车）现象。堵转后，转子转速 $n = 0, s = 1$，由式（7-26）可知，I_2 迅速上升，从而导致 I_1 也迅速上升，此时，电动机的电流马上比额定负载升高了 6~7 倍，电动机严重过热，以致烧坏。

一般情况下，允许电动机的负载转矩在较短的时间内超过其教定转矩，但不能超过最大转矩，因此最大转矩也表示电动机短时允许的过载能力。电动机的额定转矩 T_N 比 T_{max} 要小，两者之比称为过载系数 λ，即

$$\lambda = \frac{T_{max}}{T_N}$$

(7-38)

一般三相异步电动机的过载系数为 1.8~2.3，特殊用途电动机的 λ 可达 3 或更大。在选用电动机时，必须考虑可能出现的最大负载转矩，而后根据所选电动机的过载系数算出电动机的最大转矩。

（三）启动转矩 T_{st}

电动机刚启动时的转矩称为启动转矩，此时 $n = 0, s = 1$。将 $s = 1$ 代入式（7-31）得

$$T_{st} = K \frac{R_2 U_1^2}{R_2^2 + X_{20}^2}$$

(7-39)

由式 7-39 可知，T_{st} 与 U_1 的平方及 R_2 有关。当电源电压降低时，启动转矩会明显减小。当转子电阻适当增大时，启动转矩会增大，对于绕线式电动机，适当改变转子附加电阻 R_2' 的大小，使附加电阻与转子电阻的和与 X_{20} 相等时，可使 $T_{st} = T_{max}, s_m = 1$。但继续增大 R_2' 时，T_{st} 就要随着减小，这时 $s_m > 1$。T_{st} 体

现了电动机带载启动的能力。若 $T_{st} > T_N$ 电机能启动，否则不能启动。

（四）电动机的运行分析

通常三相异步电动机都工作在图（7-31）所示特性曲线的额定转矩 c 点附近，即特性曲线的 ab 段。当负载转矩增大（譬如年床切削时的吃刀量加大，起重机的起重量加大）时，在最初瞬间电动机的转短 $T < T_C$，从而导致它的转速 n 开始下降，随着转速的下降。由图 7-32（b）可知，电动机的转矩 T 增加了，因为这时 I_2 增加的影响超过 $\cos\varphi_2$ 减小的影响（见图 7-28 和式 7-30），当转矩增加到 T 和 T_C 相等时，电动机又在新的稳定状态下运行，这时转速较前为低，此时，由于转速 n 下降，导致转差率 s 上升，E_2 增加，I_2 增加，I_1 增加，电源提供的功率增加。由此可见，电动机的电磁转矩可以随负载的变化而自动调整，这种能力称为自适应负载能力。自适应负载能力是电动机区别于其他动力机械的重要特点（如：柴油机当负载增加时，必须由操作者加大油门，才能带动新的负载）。

（五）U_1 和 R_2 变化对机械特性的影响

1. U_1 变化对机械特性的影响

由式（7-37）和式（7-39）可以看出，T_{st} 和 T_{max} 均与 U_1 的平方成正比，表明 T_{st} 和 T_{max} 对 U_1 的变化非常敏感，如图 7-31（a）所示。当电动机负载力矩一定时，如果电源电压降低，电磁转矩将迅速下降，使电动机有可能带不动原有的负载，于是转速下降，电流增大。如果电压下降过多，以致最大转矩也低于负载转矩时，则电动机会被迫停转，时间稍长，电动机会因过热损坏。

2. R_2 变化对机械特性的影响

由式（7-37）和式（7-39）可以看出，T_{max} 与 R_2 无关，只有 T_{st} 和 R_2 有关，如图 7-32（b）

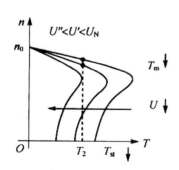

(a) U_1 对电动机机械特性的影响

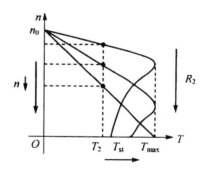

(b) R_2 对电动机机械特性的影响

图 7-32 U_1 和 R_2 变化对机械特性的影响

所示。从图 7-32（b）可以看出，当 R_2 较小时，负载在空载与额定值之间变化时，电动机的转速变化不大，电动机的运行特性好，这种特性称为异步电动机的硬机械特性；当 R_2 较大时，负载增加电动机转速下降较快，但其启动转矩大，启动特性好。因此，不同场合应选用不同的电动机。如金属切削，选硬机械特性电动机；重载启动，则选软机械特性电动机。

第六节 三相异步电动机的使用

要正确使用电动机，除了要了解电动机的运行特性外，还必须了解电动机的启动、制动和调速过程，和看懂电动机的铭牌数据，从而根据负载特性来正确选择合适的电动。

一、异步电动机的启动

将一台三相异步电动机接上三相交流电，使之从静止状态开始旋转直至稳定运行，这个过程称之为启动。研究电动机启动就是研究接通电源后，怎样使电动机转速从零加速到稳定转速（额定转速）的稳定工作状态。在启动初始瞬间，$n=0, s=1$。我们从启动时的电流和转矩来分析电动机的启动性能。

（一）启动电流 I_{st}

在电动机启动瞬间，由于旋转磁场与转子之间相对速度很大，磁通切割转子导体的速度很快，转子电路中的感应电动势及电流都很大。和变压器的原理一样，转子电流的增大，将会引起定子电流的增大，因此在启动时，一般中小型笼式电动机的定子启动电流（指线电流）与额定电流之比值大约为 5~7 倍。这样大的启动电流会使供电线路在短时间内产生过大的电压降，这不仅可能使电动机本身启动时转矩减小，还会影响接在同一电网上其他负载的正常工作。比如在炎热的夏季，当大功率空调启动（大功率电动机）时，我们会看到照明灯突然变暗或荧光灯熄灭等。因此，一般要求电动机启动电流在电网上的电压降落不得超过 10%，偶尔启动时不得超过 15%。

电动机启动电流虽大，但启动时间一般很短，小型电动机只有 1~3s，并且电动机一经启动后，转速很快升高，电流便很快减小了，因此只要不是频繁启动。从发热角度来考虑，启动电流对电动机本身影响不大。但当启动频繁时，由于热量的积累，可以使电动机过热。因此，在实际操作时应尽可能不让电动机频繁启动。例如，在切削加工时，一般只是用离合器将主轴与电机轴脱开，而不是将电动机停下来。

（二）启动转矩 T_{st}

在刚启动时，虽然转子启动电流很大，但转子电流频率最高 $(f_1 = f_2)$，所以转子感抗也很大，转子的功率因数 $\cos\varphi_2$ 很低。因此由式（7-30）和式（7-40）可知，启动转矩实际上是不大的，它与额定转矩之比值约为 $1.0 \sim 2.3$。如果启动转矩过小，电动机就不能在满载下启动，应设法提高；但启动转矩如果过大，会使电动机的传动机构受到过大的冲击而损坏，所以又应设法减小。一般机床的主电动机都是空载启动的，对启动转矩没有什么要求，但对起重用的电动机应采用启动转矩较大一点的。

由以上分析可知，启动电流大是异步电动机的主要缺点。因此必须采用适当的启动方法，以减少启动电流（有时也为了提高或减小启动转矩）；同时考虑到启动设备要简单、价格低廉、便于操作及维护。因此，三相异步鼠笼式电动机常用的启动方法有：直接启动、降压启动等。而一般绕线式电动机采用转子串电阻的方法启动。

（三）直接启动（全压启动）

利用断路器或接触器将电动机直接接到具有额定电压的电源上，这种启动方法称为直接启动或全压启动。直接启动的优点是启动设备和操作简单、方便、经济和启动过程快，缺点是启动电流大。为了利用直接启动的优点，现代设计的笼式异步电动机是按直接启动时的电磁力和发热来考虑它的机械强度和热稳定性的，因此，从电动机本身来说，笼式异步电动机都允许直接启动的，而且，当电源容量相对于电动机的功率足够大时，应尽量采用这种方法。直接启动方法的应用主要受电网容量的限制，一般情况下，如果用电单位有独立的变压器，则在电动机启动频繁时，电动机容量小于变压器容量的 20% 时允许直接启动；如果电动机不经常启动，它的容量小于变压器容量的 30% 时允许直接启动。如果没有独立的变压器（与照明共用），电动机直接启动时所产生的电压降不应超过 5%。一般规定异步电动机的功率小于 7.5KV 时且电动机容量小于本地电网容量 20% 可以直接启动，如果功率大 7.5KV，而电网容量较大，能符合下式的电动机也可直接启动，即

$$\frac{I_{st}}{I_N} \leqslant \frac{3}{4} + \frac{S_N}{4P_N} \tag{7-40}$$

式中：I_{st} 表示启动电流；I_N 表示电动机额定电流；S_N 表示电源变压器容量 $(kV \cdot A)$；P_N 表示电动机功率 (kw)。

（四）降压启动

如果电动机直接启动时所引起的线路电压降较大，则不允许直接启动，因

此，对容量较大的鼠笼式电动机，常采用降压启动的方法，即启动时先降低加在定子绕组上的电压，以减小启动电流，当电动机转速接近额定转速时，再加上额定电压运行。但由于减少了启动电压，由式（7-30）可知，电动机的启动转矩会同时减少。所以降压启动只适合于轻载、空载启动或对启动转矩要求不高的场合。鼠笼式三相异步电动机降压启动方法主要有星形—三角形启动、自栖变压器降压启动等多种。

1. 星形—三角形$(Y-\triangle)$降压启动

对于正常运行时定子绕组为三角形连接的鼠笼式异步电动机，为了减小启动电流，启动时将定子绕组星形连接，以降低启动电压，启动后再连成三角形。这种启动方法称为$(Y-\triangle)$降压启动，这样，在启动时就把定子每相绕组上的电压降到正常工作电压的$1/\sqrt{3}$。图 7-33（a）所示为鼠笼式三相异步电动机$Y-\triangle$降压启动的原理电路，启动时 QA1、QA3 闭合，使电动机的定子绕组为星形连接，电动机降压启动，当电动机转速接近稳定转速时，迅速把 QA3 断开，QA2 闭合，定子绕组转换成三角形连接，使电动机在额定电压下运行，启动过程结束，这时每相绕组上的启动电流只有它的额定电流的$1/3$下面其体推导启动电流I_{st}减少的原因。

如图 7-33（b）所示，设电机每相绕组的等效阻抗为Z，则当定子绕组降压启动时

$$I_{LY}=I_{pY}=\frac{U_L/\sqrt{3}}{|Z|}$$

如图 7-33（c）所示，当定子绕组直接启动时

$$I_{LY}=\sqrt{3}I_{pY}\sqrt{3}\frac{U_l}{|Z|}$$

因此有

$$\frac{I_{LY}}{I_L\triangle}=\frac{1}{3}$$

即降压启动时的电流为直接启动时的$1/3$。

由于星形接法定子每相绕组上的电压是三角形接法定子每相绕组上电压的$1/\sqrt{3}$，又由于电动机的电磁转矩和电源电压的平方成正比，所以启动转矩也减小到直接启动时的$(1/\sqrt{3})^2=1/3$。因此，这种方法只适合于电动机空载或轻载时启动。我们在使用该法启动电动机时必须注意启动转矩能否满足要求，同时，还要注意该法仅适用于正常工作为三角形接法的电动机。

由于这种换接启动的方法得到了广泛的应用，因此有不少厂家专门生产了体积小，成本低，寿命长，动作可靠的星形—三角形启动器。

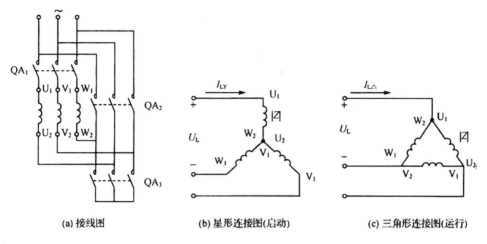

(a) 接线图　　　　　(b) 星形连接图(启动)　　　　(c) 三角形连接图(运行)

图 7-33 星形—三角形 $(Y-\triangle)$ 降压启动图

2. 自喝降压启动

星形—三角形降压启动仅用于正常工作为三角形接法的电动机，那么正常工作为星形接法的电动机应该如何降压启动呢？

正常运行时定子绕组为星形连接的鼠笼式三相异步电动机一般采用自耦降压启动。图 7-34 为三相自喝变压器降压启动线路图，图中 QA1 为闸刀开关或空气开关，FA 为熔断器（保险），QA2 为降压启动的转换开关。这种方法的原理是利用三相自耦变压器将电动机在启动过程中的端电压降低，从而减少启动电流，当然由式（7-39）可知，启动转矩也会相应减少。

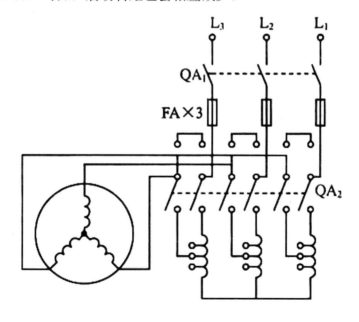

图 7-34 三相自耦变压器降压启动线路图

启动时，先把开关 QA2 扳到下侧，若三相电动机达到一定转速时，将开关扳向上侧，使电动机获得额定电压而运转，同时将自耦变压器与电源断开。自耦变压器具有变压比为 0.8 和 0.6 等几组分接头，从而使电动机在启动时得到不同的电压，以便根据对启动转矩的要求而选用。采用自耦降压法启动时，若加到电动机上的电压与额定电压之比为 k，由前面的知识可推导出线路启动电流 $I'_{sl} = k^2 I_{sl}$，电动机的启动转距 $I'_{sl} = k_2 T_{st}$。

由以上分析可知，自耦降压启动不仅适用于正常运行时定子绕组为星形连接的鼠笼型三相异步电动机，而且容量较大的鼠笼式三相异步电动机也常采用自耦变压器降压启动方式。

（五）绕线式电动机的启动

绕线式三相异步电动机的启动，可以在转子电路中接入大小适当的启动电阻 RS 来达到减小启动电流的目的，如图 7-35 所示。当在转子电路中串入启动电阻 Rn 后，转子电流将减少，定子电流也随之减小；同时，由图 7-32（b）可见，启动转矩 Tst 也提高了。所以采用这种启动方法既减小了启动电流，又增大了启动转矩，因而，要求启动转矩较大或启动频繁的生产机械（如起重设备、卷扬机、锻压机等）常采用这种方法。启动后，随着转速的升高，逐渐减小启动电阻的阻值，直到将启动电阻全部切除，使转子绕组短接。

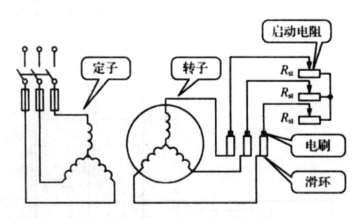

图 7-35 绕线型电动机启动接线图

二、异步电动机的制动

因为电动机的转动部分惯性较大，所以当电动机的电源被切断后，电动机转子的转速不可能立即下降，即电动机还会继续转动一定时间后停止。为了保证工作安全和提高生产效率，往往要求电动机能够迅速停车和反转，这就需要对电动机制动。因此，电动机的制动问题实际上是研究怎样使稳定运行的异步电动机在断电后，在最短的时间内克服电动机的转动部分及其拖动的生产机械的惯性而迅速停车，以达到静止状态或反转状态。对电动机制动，也就是要求它的转矩与转子的原转动方向相反。这时的转矩称为制动转矩。

三相异步电动机的制动方式有机械制动和电气制动两大类。其中机械制动通常采用电磁铁制成的电磁抱闸来实现制动；电气制动是利用在电动机转子导体内产生的反向电磁转矩来制动。常用的电气制动方法主要有：电磁抱闸制动能耗制动、反接制动和发电反馈制动等。本节将就这四种制动方法做详细阐述。

（一）电磁抱闸制动

电磁抱闸的工作原理是：当电动机启动时，电磁抱闸的线圈同时通电，电磁铁吸合，闸瓦离开电动机的制动轮（制动轮与电动机同轴连接），电动机正常运行；当电动机停电时，电磁抱闸线圈失电，电磁铁释放，在弹簧作用下，闸瓦把电动机的制动轮紧紧抱住，从而实现电动机的制动。由于电磁抱闸的制动转矩很大，它足以使电动机迅速停下，所以起重设备常采用这种制动方法，它不但提高了生产效率，还可以防止在工作中因突然停电使重物下滑而造成的事故。

（二）能耗制动

能耗制动的电路及原理如图 7-36 所示。在断开电动机三相电源的同时把开关 QA 投至"制动"，给电动机任意两相定子绕组通入直流电流，定子绕组中流过的直流电流在电动机内部产生一个不旋转的恒定直流磁场；同时，断电后，电动机转子由于惯性作用继续按原方向转动，从而切割直流磁场产生感应电动势和感应电流，其方向用右手定则确定，转子电流与直流磁场相互作用，使转子导体受力 F，F 的方向用左手定则确定。

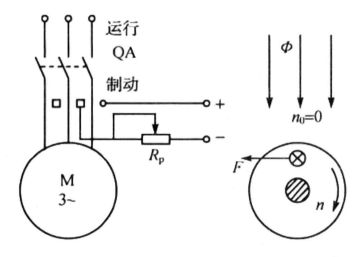

图 7-36 电动机能制动原理图

由图 7-36 可以看出，F 所产生的转矩方向与电动机原旋转方向相反，因而起制动作用，使转子迅速停止转动。制动转矩的大小与通入的直流电源的电流大小有关，该电流一般可通过调节电位器 RP 来控制，使其为电动机额定电流的 0.5~1 倍。

因为这种方法是用消耗转子的动能（转换为电能并最终变成热能消耗在转子回路的电阻上）来进行制动的，所以称为能耗制动。其特点是制动平稳、准确、能耗低，但需配备电流电源。目前一些金属切削机床中常采用这种制动方法。在一些重型机床中还将能耗制动与电磁抱闸配合使用，先进行能耗制动，待转速降至某一值时，令电磁抱闸动作，可以有效地实现准确快速停车。

（三）反接制动

电动机反接制动电路及原理如图 7-37 所示。当电动机需要停车时，通过 QA2 将接到电源的三根导线中的任意两根对调，改变电动机的三相电源相序，从而导致电动机的定子旋转磁场反向，而转子由于惯性仍按原方向转动，这时的转矩方向与电动机的转动方向相反。使转子产生一个与原转向相反的制动力矩，迫使转子迅速停转。当转速接近零时，必须立即断开 QA1，否则电动机将在反向磁场的作用下反转。

由于在反接制动时，旋转磁场的同步转速 n0 与转子的转速 n 之间的转速差（n0-n）很大（转差率 s>1），即转子切割磁力线的速度很大因而造成转子电流增大，因此定子绕组电流也很大。为了限制电流及调整制动转矩的大小，确保运行安全，不致于因电流大导致电动机过热损坏，常在定子电路（鼠管式）或转子电路（绕线式）中串入适当的限流电阻。

反接制动不需要另备直流电源，具有制动方法简单、制动力矩较大，停车迅速，制动效果好等特点。但能耗大、机械冲击大。在启停不频繁、功率较小的电力拖动中常用这种制动方式。

（四）发电反馈制动

电动机发电反馈制动的原理如图 7-38 所示。当电动机转子的转速 n 大于旋转磁场的转速 n0 时，转子绕组切割磁场的方向和原来相反，转子绕组中感应电动势和感应电流的方向，以及所产生的电磁转矩的方向都和原来相反，旋转磁场产生的电磁转距由驱动转距变为制动转距，电动机进入制动状态，同时将外力作用于转子的能量转换成电能回送给电网，即电动机处于发电机状态，所以称为发电反馈制动。由于旋转磁场所产生的转矩和转子旋转的方向相反，能够促使电动机的转速迅速地降下来，故也称为再生制动状态。

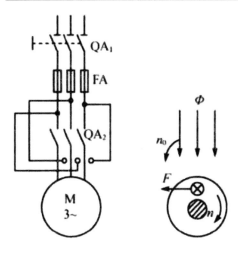

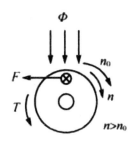

图 7-37 电动机反接制动原理图　　图 7-38 电动机发电反馈制动原理图

当多速电动机从高速调到低速的过程中，由于惯性，电动机转子的转速会超过旋转磁场的同步转速，这时也自然会发生发电反馈制动。当起重机快速下放重物时，电动机已转入发电机运行，将重物的位能转换为电能而反馈到电网里去，自然也发生了发电反馈制动。

三、异步电动机的调速

电动机的调速是在同一负载下得到不同的转速，以满足生产过程的要求，如各种切削机床的主轴运动随着工件与刀具的材料、工件直径、加工工艺的要求及吃力量的大小不同，要求电动机有不同的转速，以获得最高的生产效率和保证加工质量。因此，如何提高三相异步电动机的调速性能一直是人们追求的目标。三相异步电动机的调速常用的有机械调速和电气调速两种，机械调速是通过齿轮齿数的变比来实现的，这属于机械领域的问题，这里只讨论电气调速。

若电动机采用电气调速，则可以大大简化机械变速机构。由于三相异步电动机没有换向器，克服了直流电动机结构上的一些缺点，但同时调速性能也变差了。不过随着电力电子技术、炎电子技术、计算机技术以及电机理论和自动控制理论的发展，影响三相异步电动机调速发展的问题逐渐得到了解决，目前三相异步电动机的调速性能已达到了直流调速的水平。

由电动机的转速公式

$$n = (1-s)n_0 = (1-s)\frac{60f_1}{p}$$

（7-41）

可知，改变电动机转速的方法有三种，即改变极对数 P，改变转差率 S 和改变电源频率 f_1。变极调速是一种使用多速电动机的有级调速方法，变频调速和变转差率调速是一种无级调速；变转差率调速是绕线型电动机的调速方法，其他两种是笼型电动机的调速方法。具体分析如下。

（一）变极调速

变极调速就是通过改变旋转磁场的磁极对数来实现对三相异步电动机的调速。由式（7-41）可知，三相异步电动机的同步转速与电动机的磁极对数成反比，改变笼式三相异步电动机定子绕组的磁极对数，就可以改变电动机同步转速。根据异步电动机的结构和工作原理，它的磁极对数 P 由定子绕组的布置和连接方法决定，因此可以通过改变每相定子绕组的连接方法来改变磁极对数。由于旋转磁场的磁极对数 P 只能成倍改变，因此这种调速方法是有级调速。

变极调速电动机定子每相绕组由两个绕组组成，如果改变两个绕组的接法就可得到不同的磁极对数，如图 7-39 所示为三相异步电动机定子绕组两种不同的连接方法而得到不同磁极对数的原理示意图。为表达清楚，只要出了三相绕组中的某一相。图 7-39（a）中该相绕组的两个等效线圈正向串联，即两个线圈的首端和尾端接在一起，通电后根据电流方向可以判断出它们产生二对磁极的旋转磁场，即 P=2，三相合成后旋转磁场仍然是二对磁极。当这二组线图并联连接时（见图 7-39（b）），则产生的定子旋转磁场为一对磁极，即 P=1。定子其他两相绕组也如此连接，则三相绕组的合成磁动势也是二极，电动机的同步转速升高一倍。

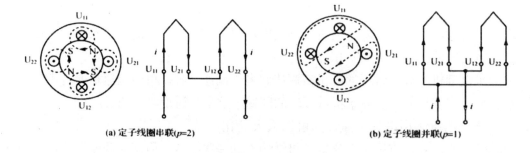

(a) 定子线圈串联(*p*=2)　　　　　　(b) 定子线圈并联(*p*=1)

图 7-39 变极调速原理图

一般异步电动机制造出来后，其磁极对数是不能随意改变的。可以改变磁极对数的鼠笼式三相异步电动机是专门制造的，有双速或多速电动机的单独产品系列。由于这种调速方法简单，调速时其转速呈跳跃性变化，因而只用在对调速性能要求不高的场合，如铣床、镗床、磨床等机床上。

（二）变转差率调速

改变转差率调速是在不改变同步转速 n0 条件下的调速，这种调速常用于绕线式电动机，通过在转子电路中串入调速电阻（和串入电阻启动电阻相同）来实现调速的（7-34），改变电阻的大小，就可得到平滑调速。比如增大调速电阻时，转差率 S 上升，而转速 n 下降，虽然最大转矩 Tmax 不变，但是启动转矩 Tst 减小了，这种调速方法的优点是设备简单、投资少。但能量损耗较大，这种调速方法常用于起重设备中。

另外，还用一种通过改变电源电压的方法来改变转差率，进而改变电动机转速的调速方法。由于电动机安全运行必须工作于额定电压以下，三相异步电动机变压调速只能是降压调速，其调速原理如图 7-40 所示。当定子电压从额定值向下调节时，同步转速 n0 不变，最大转矩时的转差率 Sm 不变，在同一转速下电磁转矩 T 与 U 的平方成正比。

设图中 A 点为固有机械特性上的运行点，B、C 点为降压后的运行点，由图 7-40 可以看出，在额定负载不变的情况下，降压后，电动机的转速下降到 B、C 点，而由于同步转速 n0 不变，所图 7-40 降压调速示意图以电动机的转差率上升了，这将引起定子、转子绕组的铜耗增大，长时间运行将使绕组严重发热，而且普通三相异步电动机降压调速范围小，没有实用价值，因此，这种方法适用于高转差率三相异步电动机，主要用于对调速精度和调速范围要求不高的生产机械，如低速电梯、简单的起重机械设备、风机、泵类等生产机械。

（三）变频调速

由式（7-41）可知，改变 P 的调速是有限的，即选用多极电动机，电动机绕组较复杂；改变 S 的调速是不经济的（如转子串电阻调速和降压），且适用范围窄；当极对数一定时，由于三相异步电动机的同步转与定子电源的频率 f_1 成正比，通过调节电源频率，使同步转速 n 与 f_1 电源频率成正比变化，从而实现对电动机进行平滑、宽范围和高精度的无级调速。因此在三相异步电动机的诸多调速方法中，变频调速具有调速性能好、调速范围广、运行效率高等特点，使得变频调速技术的应用日益广泛。

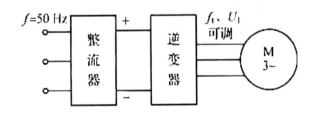

图 7-40 变频调速装置

变频调速就是利用变频装箕改变交流电源的频率来实现调速，变频装樰主要由整流器和逆变器两大部分组成，如图 7-40 所示。整流器先将频率为 $f=9$ Hz 的三相交流电变为直流电，再由逆变器将直流电变为频率 f_1 可调、电压 U_1 都可调的三相交流电，供给电动机。当改变频率 f_1 时，即可改变电动机的转速。由此，可以使电动机实现无级变速，并具有硬的机械特性。

通常把异步电动机定子的颁定频率称为基频，变频调速时，可以从基频向下调节，也可以由基频向上调节。异步电动机的变频调速，应按一定的规律同时改变其定子电压和频率，基于这种原理构成的变频器即所谓的调压调频（Variable Voltage Variable Frequency，VVVF）控制，根据 U_1 与 f_1 的比例关系，将有不同的变频调速方式。

1. 恒转矩调速

在基频以下变频调速时，$f_1 > f_{1N}$，即低于额定转速调速时，应保持 U_1 / f_1 为常数，也就是两者要成比例地同时调节，由 $U_1 \approx 4.4$ $f_1 N_1 \Phi$ 和两式可知，这时磁通 Φ 和转矩 T 也都接近不变，所以称为恒转矩调速。如果把转速调低时 $U_1 = U_{1N}$ 保持不变，在减小 f_1 时磁通 Φ 则将增加。这就会使磁路饱和（电动机磁通一般设计在接近铁芯磁饱和点），从而增加励磁电流和铁损，导致电机过热，这是不允许的。

2. 恒功轻调速

在基频以上变频调速时，$f_1 > f_{1N}$，即高于额定转速调速时，应保持 U_1 额定值不变。这时磁通 Φ 和转矩 T 都减小。转速增大，转矩减小，将使功率不变，所以称为恒功率调速。如果把转速调高时 U_1 / f_1 的比值不变，在增加 f_1 的同时 U_1 也要增加。U_1 超过额定电压也是不允许的。

变频器在驱动三相异步电动机变频调速时，常将这两种调速方式结合起来使用。工作频率范围一般在几赫弦到几百赫兹之间，在基频以下工作时，特别是工作在几赫兹频率下，电动机转速很小，本身自带冷却风宛基本不起冷却作用，电动机将过热，专用变频电动机配备有一个独立电源冷却风机，这是普通三相异步电动机与变频电动机的结构区别。

三相异步电动机变频调速具有很好的调速性能，高性能的三相异步电动机变频调速系统的调速性能可与直流调速系统相媲美，但变频调速需要一套性能优良的变频装置，目前，普遍采用由功率半导体器件晶闸管（可控硅）及其触发电路构成的静止变频器，由于国内逆变器中的开关元件（可关断晶闸管、大功率晶体管和功率场效应管等）的制造水平不断提高，笼型电动机的变频调速技术的应用也就日益广泛，现在变频调速已在冶金、化工、机械制造等产业得到广泛应用。至于变频调速的原理电路，可以参考相关教材。

四、异步电动机的铭牌数据

要想正确安全使用电动机，首先必须全面系统地了解电动机的额定值，看拣铭牌上所有信息及使用说明书上的操作规程。不当的使用不仅浪费资源，甚至有可能损坏电动机。

（一）型号

电动机产品的型号是电动机的类型和规格代号。为了适应不同用途和不同工作环境的需要，电动机制成不同的系列，每种系列用各种型号表示，它由汉语拼音大马写母及国际通用符号和阿拉伯数字组成。

（二）额定值

额定值是制造厂对电动机在额定工作条件下所规定的一个量值。其中，额定电压 U_N 是指在额定运行状态下运行时，规定加在电动机定子绕组上的线电压值，单位为 V 或 KV，一般规定电动机的电压不应高于或低于额定值的 5%，若铭牌上有两个电压值，表示定子绕组在两种不同接法时的线电压。例如 380V/220V，$(Y-\triangle)$ 是指：线电压 380V 时采用 Y 接法，线电压 220V 时采用 $\triangle$ 接法。

当电压高于额定值时，由式（7-17）可知，磁通将增大，若所加电压较额定电压高出较多，这将使定子电流大大增加，定子电流大于额定电流，使绕组过热，同时，由于磁通的增大，铁损和铜损也就增大，使定子铁范过热；当电压低于额定值时，这时会引起转速下降，电流也增加，如果在满载或接近满载的情况下，电流的增加将超过额定值，使绕组过热，另外，在低于额定电压下运行时，由于最大转矩 Tmax 与电压的平方成正比，导致该值也会显著地降低，这对电动机的运行也是不利的。三相异步电动机的额定电压有 380v，3000V 及 6000V 等多种。

额定电流 I_N 指在额定运行状态下运行时，流入电动机定子绕组中的电流值，单位为 A 或 KA，当铭牌上有两个电流值，表示定子绕组在两种不同接法时的线电流值。

额定功率 P_N 是指电动机在额定状态下运行时，转子轴上输出的机械功率，单位为 W 或 KW。电动机的输出功率与电源输入功率不等，其差值等于电动机本身的损耗功率，包括铜损、铁损及机械损耗等。对于三相异步电动机，其额定功率为电源输入功率与电动机效率 η 的乘积，即效率 η 就是输出功率与输入功率的比值。

五、异步电动机的选择

三相交流异步电动机的选用，主要从选用的电动机的种类、转速、额定功率、工作电压、型式以及正确地选择它的保护电器和控制电器考虑。在选择时应根据实用、经济、安全等原则，优先选用高效率和高功率因数的电动机。

（一）种类的选择

选择电动机的种类是从交流或直流、机械特性、调速与启动性能、维护及价格等方面来考虑的，具体选择哪一种电动机，主要应根据生产机械对电动机的机械特性（硬特性还是软特性）、调速性能和启动性能等方面的要求来选择。

因为通常生产场所用的都是三相交流电源，如果没有特殊要求，一般都应采用交流电动机。在交流电动机中，由于三相鼠笼式异步电动机结构简单，坚固耐用，工作可靠，价格低廉，维护方便，其主要缺点是调速困难，功率因数较低，启动性能较差。因此，在要求机械特性较硬而无特殊调速要求的一般生产机械的拖动应优先选用鼠笼式三相异步电动机，无法满足要求时才考忌选用其他电动机。例如在功率不大的水泵和通风机、运输机、传送带上以及机床的辅助运动机构大多采用鼠笼式异步电动机。另外，在一些小型机床上也采用它作为主轴电动机。

绕线型电动机的基本性能与笼式相同。其特点是启动性能较好，并可在不大的范围内平消调速，但是它的价格较鼠笼式电动机贵，维护也较不方便。因此，只有在某些必须采用绕线式电动机而不能采用鼠笼式异步电动机的场合，如起重机、卷扬机、锻压机及重型机床的横梁移动等场合，才采用绕线式电动机。

（二）功率的选择

选用电动机的功率大小是根据生产机械的需要所确定的，因此，应根据生产机械所需要的功率和电动机的工作方式来选择电动机的额定功率，使其温度不超过而又接近或等于额定值。

如果电动机的功率选大了，虽然能保证正常运行，但是不经济。因为这不仅使设备投资增加和电动机未被充分利用，而且由于电动机经常不是在满载下运行，它的效率和功率因数也都不高。如果电动机的功率选小了，就不能保证电动机和生产机械的正常运行，不能充分发挥生产机械的效能，并使电动机由于过荷而过早地损坏，所以电动机的功率选择是由生产机械所需的功率确定的。

对连续运行的电动机，应先算出生产机械的功率，所选电动机的额定功率等于或稍大于生产机械的功率即可；对短时运行电动机，如闸门电动机、机床中的夹紧电动机、尾座和横梁移动电动机以及刀架快速移动电动机等，如果没有合适的专为短时运行设计的电动机供选择，可选用连续运行的电动机。由于发热惯性，短时运行电动机的功率可以允许适当过载，工作时间愈短，则过载可以愈大，但电动机的过载是受到限制的。

（三）电压的选择

电动机电压等级的选择，要根据电动机类型、功率以及使用地点的电源电压来决定。Y 系列笼型电动机的额定电压只有 380V 一个等级。只有大功率异步电动机才采用 3000V 和 6000V。

（四）转速的选择

根据生产机械的转速和传动方式来选择电动机的额定转速。通常转速不低于 500r/min 因为当功率一定时，电动机的转速越低，则其尺寸越大，价格越贵，而且效率也较低，因此一般尽量采用高转速的电动机。异步电动机通常采用 4 个极地，即同步转速 $n_0 = 1500r/\min$。

（五）结构形式的选择

在不同的工作环境，应采用不同结构形式的电动机，以保证安全可靠的运行。如果电动机在潮湿或含有酸性气体的环境中工作，则绕组的绝缘很快受到侵蚀。如果在灰尘很多的环境中工作，则电动机很容易随污，致使散热条件恶化。因此，有必要生产各种结构形式的电动机，以保证在不同的工作环境中能安全可靠地运行。按照这些要求，电动机常制成开启式、防护式、封闭式、密封式和防爆式等几种结构形式。

1. 开启式在构造上无特殊防护装置，用于干燥无灰尘的场所，通风非常良好。

2. 防护式代号为 IP23，电动机的机座或端盖下面有通风孔，以防止铁屑等杂物掉入，也有将外壳做成挡板状，以防止在一定角度内有水滴溅入其中，但潮气和灰尘仍可进入。

3. 封闭式代号为 IP44，电动机的机座和端盖上均无通风孔，完全是封闭的，电动机靠自身风扇或外部风速冷却，并在外壳带有散热片。外部的潮气和灰尘不易进入电动机，多用于灰尘多、潮湿、有腐蚀性气体、易引起火灾等恶劣环境中。

4. 密封式代号为 IP68，电动机的密封程度高，外部的气体和液体都不能进入电动机内部，可以浸在液体中使用，如潜水泵电动机。

5. 防爆式电动机不但有严密的封闭结构，外壳又有足够的机械强度。一旦少量爆炸性气体侵入电动机内部发生爆炸时，电动机的外壳能承受爆炸时的压力，火花不会窜到外面以致引起外界气体再爆炸。适用于有易燃、易爆气体的场所，如矿井、油库和煤气站等。

（六）安装形式的选择

按电动机的安装方式选择电动机的安装形式。各种生产机械因整体设计和传动方式的不同，而在安装结构上对电动机也会有不同的要求。国产电动机的几种主要安装结构形式如图 7-41 所示。图 7-41（a）为机座带底脚，端盖无凸缘（B3）；图 7-41（b）为机座不带底脚，端盖有凸缘（B5）；图 7-41c）为机座带底脚，端盖有凸缘（B15）。

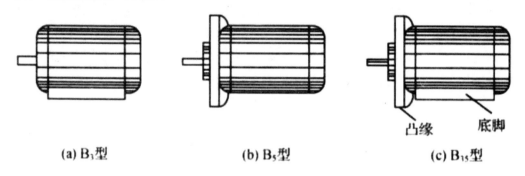

(a) B₃型　　　　　　　(b) B₅型　　　　　　　(c) B₁₅型

图 7-41 电动机的三种主要安装结构形式

参考文献

[1] 赵建，蒙毅.特高压直流输电技术的分析与探究[J].科技创新与应用，2021，11（33）：109-112.

[2] 赵有明，梁家健，肖祥淋，王立乾，刘磊.我国高速铁路技术创新国际合作模式研究[J].中国铁路，2020（09）：1-8.

[3] 黄伟煌，李明，刘涛，寻斌斌，李婧靓.柔性直流输电受端交流侧故障下的控制策略[J].南方电网技术，2015，9（05）：27-31.

[4] 邵冰冰，韩民晓，郭抒颖，孟昭君.多端柔性直流输电系统交流侧故障穿越功率协调控制[J].电力建设，2017，38（08）：109-117.

[5] 王振浩，张震，李国庆.基于补偿原理的MMC-HVDC系统不对称故障控制策略[J].电力系统自动化，2017，41（17）：94-100.

[6] Wei X，Tang G.Analysis and Control VSC-HVDC under Unbalanced AC Conditions[C]//International Conference on Power System Technology.IEEE，2007.

[7] 徐雨哲，徐政，张哲任，等.基于LCC和混合型MMC的混合直流输电系统控制策略[J].广东电力，2018，31（09）：13-25.

[8] 赵昕昕，柔性直流输电交流侧故障穿越的能量协同控制策略研究[D].长沙：长沙理工大学，2019.

[9] 王振浩，张震，李国庆.基于补偿原理的MMC-HVDC系统不对称故障控制策略[J].电力系统自动化，2017，41（17）：94-100.

[10] 苗常海，杨东升，寇健.基于负序电压前馈的非对称故障下低电压穿越控制方法研究[J].太阳能学报，2018，39（04）：1149-1155.

[11] 孙黎霞，王哲，朱鹏飞，陈宇，金宇清.电网电压不平衡时VSC-HVDC优化控制策略[J].高电压技术，2016，42（01）：47-55.

[12] 易继明，初萌.全球专利格局下的中国专利战略[J].知识产权，2019（08）：38-56.

[13] "一带一路"电力国际合作展望[C].博鳌亚洲论坛2019年年会会前报告，2019：31-37.

[14] 杨迎春，李琼源，赵清卿. 加强我国与"一带一路"沿线国家电力领域合作研究 [J]. 经济纵横，2017（09）：99-104.

[15] 陈永伟. FRAND 原则下许可费的含义及其计算：一个经济学角度的综述 [J]. 知识产权，2017（07）：24-31.

[16] 蒲朦朦."丝绸之路经济带"背景下中国与哈萨克斯坦能源合作法律制度研究 [J]. 法制与社会，2017（16）：121-122.

[17] 于敏，杨易，姜明伦. 农业对外合作顶层设计的重要意义和实现路径 [J]. 新疆农垦经济，2021（06）：1-5+51.

[18] 汪方军，朱莉欣，常华，专利池的垄断性研究：基于反垄断法的视角 [J]. 科学学研究，2008（04）：724-728.

[19] 马忠法. 试论我国向外转让专利权制度的完善——兼论制定我国统一的《技术转让法》[J]. 复旦学报（社会科学版），2007（05）：88-95.

[20] 陈柯羽，肖宇. 电力设计院承包输电线路 EPC 项目分析 [J]. 中国电力企业管理，2021（30）：36-37.

[21] 张扬，魏圆圆. 国际保险合同协议管辖的法律效果 [J]. 经济研究导刊，2021（17）：159-161.

[22] 于雁翔，国际工程合同效力及相关争议解决机制选择 [J]. 北京仲裁，2020（03）：179-190.

[23] 李斯胜，霍翔远. 中国企业参与新能源国际合作的机遇与挑战 [J]. 国际工程与劳务，2020（12）：34-36.

[24] 罗霞，余雨航，余晓钟."一带一路"国际能源项目 PPP 合作模式探究 [J]. 石油科技论坛，2019，38（02）：17-27.

[25] 张倍源. 国际保险法律改革背景下保险利益之存废研究 [J]. 法制博览，2019（10）：200.

[26] 闫春，李斌."一带一路"背景下深化中国国际技术合作的对策 [J]. 河北大学学报（哲学社会科学版），2018，43（02）：116-125.

[27] 蔡普成，向往，周猛，等. 含混合型 MMC 的四端柔性直流电网改进自适应重合闸策略 [J]. 电力系统自动化，2020，44（22）：87-93.

[28] 吴亚楠，安婷，庞辉，等. LCC/VSC 混合直流电网模型研究 [J]. 中国电机工程学报，2016，36（08）：2077-2083.

[29] 肖亮，王国腾，徐雨哲，等. LCC-MMC 混合多端直流输电系统的潮流计算和机电暂态建模方法 [J]. 高电压技术，2019，45（08）：2578-2586.